视频拍摄、剪辑与运营 从小白到高手

vivi的理想生活◎编著

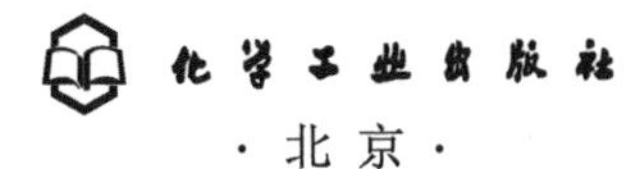

·北京·

内 容 提 要

作者是微博上热门的视频博主，发布的 Vlog 作品浏览量超过 150 万，也是一位资深的美食博主、创业导师，还是一位独立的网红咖啡馆主，喜欢做各种各样的美食，向大家传递生活的美好。

本书通过 18 章专题技术内容，详细向大家介绍了 Vlog 的拍摄与后期剪辑技巧，从前期拍摄、设备、题材、定位、构图、运镜、光线、道具、开头、结尾、封面、主题等，再到视频的后期、剪辑、成品拆解等，最后到 Vlog 的分享与个人品牌变现等内容，都做了全面、详细的讲解。通过本书的学习，读者可以快速成为一名优秀的 Vlog 视频大咖。

本书结构清晰、语言简洁，特别适合短视频创作者、Vlog 拍摄者、摄影爱好者、自媒体工作者，以及想开拓短视频领域的人员阅读，还可以作为各类培训学校和大专院校的学习教材或辅导用书。

图书在版编目（CIP）数据

Vlog视频拍摄、剪辑与运营从小白到高手 / vivi的理想生活编著. —北京：化学工业出版社，2020.11（2025.1重印）

ISBN 978-7-122-37606-0

Ⅰ.①V… Ⅱ.①v… Ⅲ. ①视频制作②网络营销 Ⅳ.①TN948.4②F713.365.2

中国版本图书馆CIP数据核字（2020）第162649号

责任编辑：李　辰　孙　炜　　　　装帧设计：盟诺文化
责任校对：刘　颖　　　　封面设计：异一设计

出版发行：化学工业出版社（北京市东城区青年湖南街 13 号　邮政编码 100011）
印　　装：北京建宏印刷有限公司
710mm×1000mm 1/16　印张 17　字数 350 千字　2025 年 1 月北京第 1 版第 10 次印刷

购书咨询：010-64518888　　　　售后服务：010-64518899
网　　址：http: //www.cip.com.cn
凡购买本书，如有缺损质量问题，本社销售中心负责调换。

定　价：88.00 元

大咖推荐

李　菁 | 畅销书作家，摄影梦想学院创始人

我第一次在公众号看到vivi制作的视频时，就被打动了，她是一个审美情趣极高的创作者，也是一个美的践行者和传播者，她把日子过成了理想中的样子，让人羡慕。现在她把自己制作Vlog的经验分享给大家，我觉得特别值得推荐。在这个视频时代，学会短视频制作，人人都可以成为视频博主。

郑　昊 | 《短视频策划、制作与运营》作者

跟着vivi学Vlog，用视频语言讲故事，给自己一个感动更多人、影响更多人的机会。这本书的内容很全面，从前期的拍摄，到后期的处理，以及视频的发布与品牌变现等，非常详细，值得推荐！

吴晓东 | 花甜文化传媒创始人、全网短视频矩阵800万粉丝操盘人

很多行业都可以通过互联网再重新做一次，很多人也需要有一份轻资产的副业，而短视频就是这么一个选择！vivi的Vlog短视频课程已经很成熟，我自己还报名学过，非常棒。希望大家在看完本书以后，可以收获更多的Vlog短视频课程知识与技能！

冬冬老师 | 一条 / 美食台人气美食料理嘉宾、《生活周刊》特邀嘉宾、营养师

从 vivi 的日常图片和 Vlog 短视频里，你能看到生活里那些细微的美好，温暖而绵长；从她呈现的生活细节里，你将发现：爱自己和爱生活，是可以持续一生的浪漫方式。这本书呈现了一种生活的美好，值得大家一读。

李赛男 | 个人商业顾问

“不要去追一匹野马，而是用追马的时间来种草，等到春天的时候，就会有一群骏马任你挑选。”这是跟 vivi 聊天的时候，她带给我的最大的启示。在视频时代，大家都在追风口，她却在认真、踏实地感受生活的美好，用镜头留住这些小确幸，我相信 vivi 的世界一定会有成群的“骏马”出现。

理想倒推而活

假如生活有100种可能，我选择第101种。

vivi的理想生活

上面这句话，是美食博主“vivi的理想生活”的原创金句，更是生活理念，在网络上已被人越来越多地借用。

有的人活着，是为了生存；有的人活着，是为了生活。一字之差，却天壤之别，前者更多的是为了肉身，后者却要求更高，除了供养肉身之外，还有着更多、更高、更好的精神追求，如理想中的生活模样，如生存之外的兴趣爱好，等等。

而这也注定了有两种不同的活法。一种是原点导向式，即就这样一天天地过，过成什么样，就是什么样；而另一种是目标倒推式，即先确定自己想要的理想生活，然后根据理想倒推来活，让现在的自己与未来理想的自己，最终相遇。

用Vlog记录生活的点滴，留下人生美好的回忆，便是本书作者“vivi的理想生活”的目标。为此，她拍摄美食、拍摄风光、拍摄人像、拍摄人文、拍摄家庭，等等，意在让普通的日常生活，在Vlog的记录和创作下，变得闪闪发光。

这个时候，Vlog就不简简单单是一个视频了，它不仅是一个记录生活的工具，更是一种创造人生美好生活的方式——因为有Vlog的存在，我们的生活变得更加富有仪式感，而仪式感，让我们的生活变得更有格调与不同。

这些年，因为自身爱好摄影，我寻找了许多摄影大咖，策划并出版了很多在京东上曾居畅销榜首位的图书，如《星空摄影与后期从入门到精通》（毛亚东、墨卿编著）、《无人机摄影与摄像技巧大全》（王肖一编著）、《花香四溢：花卉摄影技巧大全》（赵高翔等编著）等。这些书所倡导的核心理念只有一点——让更多的人学好摄影技能。

而目前，在短视频盛行的时代，Vlog 成为一种主流，于是，我邀请了拍摄经验非常丰富的“vivi 的理想生活”编写了本书，从 Vlog 的入门、前期拍摄设备、题材、定位，到构图、运镜、光线、道具，甚至是画面的开头、结尾、封面、主题、后期、剪辑、成品拆解、作品分享、变现，进行了全方位的讲解，意在帮助广大摄友快速从入门到精通 Vlog 的拍与修，成为 Vlog 高手，并运用 Vlog 实现财富自由。

最后提一点建议，要想拍出好的 Vlog，就要去学习专业的摄影构图，如前景构图、三分线构图、斜线构图等。在公众号“手机摄影构图大全”中，我分享过 300 多种构图方法，这些构图方法也非常适合拍摄 Vlog。在本书的封底，有我的微信号和公众号二维码，想深入沟通和交流的摄友可以扫描关注。

龙飞（构图君）

湖南省摄影家协会会员

湖南省青年摄影家协会会员

湖南省作家协会会员，图书策划人

化学工业出版社、人民邮电出版社等特约摄影作家

京东、千聊摄影直播讲师，湖南卫视摄影讲师

把日子过成理想的样子

我一直觉得自己是一个很幸运的人，小时候在农村出生，上山下地和男孩子一样撒野，父母对我没有严厉的管教。长大后，我又幸运地遇到了一个无限包容我的爱人（强哥），以至于我一直可以选择自己喜欢的生活方式，做自己喜欢的事情。到如今，活出了别人眼中理想生活的样子。

最开始拍 Vlog 的时候，对我来说完全是一场意外，那时候只是喜欢用手机拍东西，比如斑驳的墙壁、青涩的苹果、振翼的鸣虫、简单的豆浆油条、孩子的涂鸦、爸妈的家常菜以及爱人的汗手等。这些琐碎的日常记录在当时看起来并没有什么特别之处。

直到有一天，我重新打开了旧手机的相册，那些承载了过去记忆的一段段画面，一下子让我进入了电影时光机的感觉，瞬间回到了当时的情境中。那是一种神奇的感觉，过去的日子像钉在墙上的胶片，一张张清晰可见。

尽管镜头里很多人已经不在，很多环境已物是人非，但镜头下的那些片段，让时光像凝固般触手可及，仿佛那些人还在，那些故事还在。后来，我特意去买了一台相机，开始有意识地去记录身边的细碎时刻。强哥曾跟我说过一句话：一年过去了，你留下了什么呢？我常常开玩笑地拿起 U 盘，对他说："喏！都在呢！"

2017 年底，国内忽然出现了一种视频风格：Vlog。这时我才明白，原来我拍的这些视频风格就是 Vlog，这也是 Vlog 的概念第一次传到国内。Vlog 就是影像日记，通过记录生活的点滴，分享一些观点理念，向大家传达一种生活的态度。可以说，Vlog 的私人趣味性极浓。

随着 Vlog 的发展，很多名人、“网红”开始拍 Vlog，拉近了和粉丝之间的距离，建立了很好的人设。他们用 Vlog 展现日常生活，使得他们与粉丝建立了新的信任感，即使遇到一些不好的事情，也更能取得粉丝们的谅解。

普通人拍 Vlog 可以展现自己的性格特点、爱好，是建立个人品牌、扩大影响力的最佳途径。当红 Vlog 博主“当归”，本来是一个普通的留学生，就是因为在网上发布了自己在国外学习、生活的 Vlog，吸引了很多粉丝关注，让自己成为网红，让自己的人生有了新的可能。

寻常的日子、独特的观点、某次偶遇、小店日常、某趟旅行、别样体验等，都可以成为 Vlog 的拍摄主题。我喜欢吃，更喜欢做吃的，做一日三餐是我一天中最幸福的时刻。当然，用镜头拍下这些画面是最重要的，我这种爱好在开了咖啡馆之后，又被无限放大了。

于是，后来我索性建了一个 Vlog 的专栏，专门用于展示所拍摄的咖啡馆的日常。在网上分享自己和家人以吃为主的开咖啡馆的寻常日子，如分享自己的成长理念、学习资源、开店心得等，没想到一不小心就积累了 150 多万的流量。

假如生活有 100 种可能，我选择第 101 种。把日子过成理想中的样子，然后用 Vlog 记录生活。

有小伙伴对我说：“vivi，好喜欢看你的 Vlog，就算生活和工作中有什么不顺心或者难过的事情，只要看到你的 Vlog 就都被治愈了。”还有朋友经常对我说：“vivi，看到你的 Vlog，了解到你的生活那么充实，我也开始看书、拍视频了，谢谢你！”还有朋友看到我的 Vlog 之后，会主动帮我对接资源、推荐业务等。

通过拍 Vlog，我链接到很多新的资源和机会，美学创业以来收入破 7 位数，这也让我的咖啡馆在没有广告的情况下，吸引了全国各地的小伙伴来打卡。很多小伙伴问我，该怎么拍 Vlog 呢？现在是视频时代，怎么通过 Vlog 来扩大自己的影响力呢？

针对上述的问题，我把自己拍摄 Vlog 的经验，用 Vlog 建立个人影响力、打造个人品牌的商业模式和方法，设计成了一套实用、高效的课程。有不少小伙伴问我：“vivi，你什么时候出书啊？”其实写书是我10年来最大的梦想。

这次有幸收到化学工业出版社的邀约，总算实现了这个梦想。可以说，这是我的第一本书，第一本关于Vlog的书，也是一本如何把平凡日常拍成理想生活的书。这本书的内容是我平时训练营里精华内容的提取，可读性很强。

无论你是否上过我的“从0到1拍Vlog视频”训练营，这本书都可以带你从0开始学会Vlog的拍摄，从定位、选题、构图、拍摄、运境、光线、道具、布局、主题、后期、剪辑等内容，再到Vlog的发布与个人品牌变现的全套方法，就算是Vlog小白，也可以快速成为Vlog高手，甚至可以通过Vlog实现财务自由。

本书可以作为Vlog的教材使用，因为Vlog是动态的视频，为了方便大家的学习，我还特别为本书录制了扩展的教学视频，大家可以关注我的微信公众号（vivi的理想生活），并实拍一张本书的封面照片发送至后台，即可领取价值299元的Vlog扩展视频课程哦！

最后，再次感谢大家阅读本书，祝大家学习愉快，学有所成！

vivi的理想生活

目录

第1章　入门——开启Vlog视频之路 …… 1
1.1　什么是Vlog …… 2
1.2　如何抓住Vlog风口 …… 4
1.3　爆款Vlog视频揭秘 …… 5
1.3.1　抢占视频流量 …… 5
1.3.2　定位决定一切 …… 6
1.3.3　做垂直细分领域 …… 7
1.3.4　巧用万能公式 …… 9
1.4　拍Vlog视频从何下手 …… 10
1.5　日常Vlog可以拍什么 …… 11
1.5.1　美食类 …… 11
1.5.2　搞笑类 …… 12
1.5.3　美妆美容类 …… 12
1.5.4　生活技巧类 …… 12
1.5.5　知识分享类 …… 13
1.6　为什么你的Vlog没人看 …… 14
1.6.1　你的Vlog是否有主题 …… 14
1.6.2　你的Vlog是否有价值 …… 15
第2章　前期——拍摄Vlog前的准备 …… 17
2.1　会拍要先会看 …… 18
2.2　如何搜索同类优质视频 …… 19
2.2.1　在视频平台中搜索 …… 19
2.2.2　在搜索引擎中搜索 …… 21
2.3　什么是优质的Vlog视频 …… 23
2.3.1　画质一定要清晰 …… 23
2.3.2　保证画面的美观度 …… 24
2.3.3　使用最大分辨率拍摄 …… 26

2.4 拍 Vlog 有哪些加分技巧 ……26
2.4.1 视频内容要丰富 ……27
2.4.2 拍摄工具要正确 ……29
2.4.3 视频一定要拍完整 ……29
2.4.4 添加动人的背景音乐 ……29
2.5 拍 Vlog 视频的 4 种手法 ……31
2.5.1 按时间线拍摄 Vlog 视频 ……31
2.5.2 按地点线拍摄 Vlog 视频 ……32
2.5.3 按主题线拍摄 Vlog 视频 ……33
2.5.4 使用技术流手法拍摄 Vlog 视频 ……34
2.6 如何克服街头拍 Vlog 视频的尴尬 ……34
2.6.1 换位思考法 ……35
2.6.2 多拍多看法 ……35
2.6.3 脚本先行法 ……36
第 3 章 设备——如何搞定 Vlog 器材 ……37
3.1 Vlog 器材大解密 ……38
3.1.1 哪些手机适合拍摄 Vlog ……38
3.1.2 哪些相机适合拍摄 Vlog ……40
3.2 有哪些加分的配件 ……42
3.2.1 稳定器：提升视频画质 ……42
3.2.2 录音设备：保证音质清晰 ……45
3.2.3 补光灯：用于画面补光 ……46
3.3 手机隐藏的视频拍摄功能 ……47
3.3.1 使用手机的变焦功能拍摄 ……47
3.3.2 使用慢动作功能拍摄 ……48
3.3.3 使用延时摄影功能拍摄 ……49
第 4 章 题材——Vlog 的选题与策划 ……50
4.1 Vlog 脚本怎么写 ……51
4.1.1 什么是脚本 ……51
4.1.2 脚本有哪些作用 ……51

4.1.3 脚本的写作思维 …………………………………………………………52
4.1.4 Vlog 脚本的分类 ……………………………………………………54
4.2 Vlog 视频文案怎么写 …………………………………………………55
4.2.1 确定视频的风格 ……………………………………………………55
4.2.2 查资料、蹭热点 ……………………………………………………56
4.2.3 扣细节、写开头 ……………………………………………………57
4.3 视频的长度到底多久最好 ……………………………………………57
4.4 如何拍朋友圈 15 秒吸睛短片 …………………………………………58
4.4.1 确定视频的主题 ……………………………………………………58
4.4.2 注意视频的细节 ……………………………………………………59
4.4.3 建立拍摄的思路 ……………………………………………………59
4.5 如何把无聊的生活拍成有趣的 Vlog …………………………………60
4.5.1 固定镜头 ………………………………………………………………60
4.5.2 做作一点 ………………………………………………………………61
4.5.3 加入故事性 ……………………………………………………………62
4.5.4 坚持 ……………………………………………………………………63
第 5 章 吸睛——如何做好 Vlog 定位 ………………………………… 64
5.1 如何取好账号的名字 …………………………………………………65
5.1.1 通俗易懂、易传播 …………………………………………………65
5.1.2 要符合自身的定位 …………………………………………………66
5.2 什么样的头像吸引人 …………………………………………………66
5.2.1 这三类照片用得最多 ………………………………………………67
5.2.2 根据定位来设置头像 ………………………………………………68
5.3 什么样的 Vlog 标题吸引人 ……………………………………………68
5.3.1 设置悬念，引人好奇 ………………………………………………69
5.3.2 反常标题，揭露真相 ………………………………………………69
5.3.3 表述直白，指出菜名 ………………………………………………70
5.3.4 善用数字，凸显细节 ………………………………………………70
5.3.5 实用干货，解决问题 ………………………………………………72
5.4 如何蹭热点，提升 Vlog 流量 …………………………………………73

5.5 什么时间发 Vlog 视频最合适 ……74
第 6 章 构图——这样取景让画面更美 ……76
6.1 掌握摄影构图的关键 ……77
6.1.1 什么是构图 ……77
6.1.2 画面要简洁明了 ……77
6.1.3 主体一定要突出 ……78
6.2 掌握合适的拍摄视角 ……79
6.2.1 平视取景 ……80
6.2.2 仰视取景 ……80
6.2.3 俯视取景 ……81
6.3 运用经典的构图方式 ……82
6.3.1 水平线构图 ……82
6.3.2 垂直线构图 ……83
6.3.3 九宫格构图 ……84
6.3.4 对角线构图 ……85
6.3.5 框架式构图 ……86
6.3.6 中心构图 ……87
6.3.7 透视构图 ……88
6.4 通过后期进行二次构图 ……89
第 7 章 运镜——五分钟学会镜头语言 ……92
7.1 镜头的多种拍摄角度 ……93
7.1.1 镜头正面拍摄 ……93
7.1.2 镜头背面拍摄 ……94
7.1.3 镜头侧面拍摄 ……95
7.2 运动镜头的拍法 ……96
7.2.1 推镜头，将镜头推近 ……96
7.2.2 拉镜头，由近向远拉出 ……98
7.2.3 摇镜头，使角度发生变化 ……99
7.2.4 移镜头，前后左右平移 ……100
7.2.5 跟镜头，跟随人物主体拍摄 ……101

第 8 章　光线——拍 Vlog 自然光就够了 …… 102
8.1　不同的光线带来 Vlog 特殊影调 …… 103
8.1.1　顺光拍摄，光线比较均匀 …… 103
8.1.2　侧光拍摄，增强画面立体感 …… 104
8.1.3　逆光拍摄，呈现剪影效果 …… 105
8.2　掌握早、中、晚 3 个时段的自然光 …… 105
8.2.1　清晨的阳光比较柔和 …… 106
8.2.2　中午的阳光比较强烈 …… 106
8.2.3　傍晚的阳光充满变化 …… 107
8.3　晴朗天气下如何拍 Vlog …… 108
8.3.1　用直射光的构图手法来拍摄 …… 108
8.3.2　拍出朵朵白云交代环境背景 …… 108
8.4　阴天情景下如何拍 Vlog …… 109
8.4.1　运用露珠拍出画面的细节感 …… 109
8.4.2　适当配合周围的环境来拍摄 …… 110
8.5　迷蒙雾景下如何拍 Vlog …… 110
8.5.1　在山峦中拍摄大场景风光 …… 110
8.5.2　拍出云雾缥缈的仙境效果 …… 112
第 9 章　道具——让 Vlog 变得更加独特 …… 113
9.1　道具在 Vlog 中的神奇作用 …… 114
9.1.1　了解道具的分类 …… 114
9.1.2　道具在影视中的作用 …… 115
9.1.3　道具在短视频中的作用 …… 116
9.2　不花钱的道具有哪些 …… 116
9.2.1　万物皆可前景 …… 116
9.2.2　合理利用现实环境 …… 118
9.2.3　一双发现美的眼睛 …… 119
9.3　什么是好用的道具 …… 121
9.3.1　道具要有辨析度 …… 121
9.3.2　道具不是越贵越好 …… 122

9.4 哪些道具要避免使用 …… 122
9.4.1 与主题不符合 …… 123
9.4.2 过于复杂，影响创作 …… 123
第10章 开头——如何设计 Vlog 的开篇 …… 124
10.1 Vlog 开头的仪式感 …… 125
10.1.1 以声音开头 …… 125
10.1.2 以文字开头 …… 126
10.1.3 以动作开头 …… 127
10.1.4 以画面开头 …… 128
10.2 Vlog 开头的多种形式 …… 128
10.2.1 直接开头法 …… 128
10.2.2 悬念开头法 …… 129
10.2.3 花絮开头法 …… 130
第11章 结尾——如何设计 Vlog 的结束 …… 131
11.1 固定仪式感的结尾 …… 132
11.1.1 以黑幕为结尾 …… 132
11.1.2 以动态文字来结尾 …… 133
11.1.3 运用 APP 制作结尾的方法 …… 134
11.2 比较有吸引力的结尾 …… 138
11.2.1 下集预告 …… 138
11.2.2 提问式结尾 …… 138
11.2.3 抽奖福利 …… 139
11.2.4 祝福式结尾 …… 139
11.3 在结尾处留下联系方式 …… 140
11.3.1 引导读者评论、点赞 …… 140
11.3.2 留下微博等媒体账号 …… 140
第12章 封面——如何设计才具吸引力 …… 142
12.1 掌握优质封面的6个技巧 …… 143
12.1.1 尽量避免纯文字 …… 143
12.1.2 封面保证画面整洁 …… 143

12.1.3 图片完整清晰 …… 144
12.1.4 封面与正文强关联 …… 145
12.1.5 画风统一能强化 IP 形象 …… 146
12.1.6 封面尺寸符合平台规则 …… 146
12.2 熟知封面设计的 5 种类型 …… 146
12.2.1 视频截图类封面 …… 147
12.2.2 自拍类封面 …… 147
12.2.3 表情包类封面 …… 148
12.2.4 固定模板类封面 …… 149
12.2.5 三图组合类封面 …… 150
12.3 爆款封面：人脸 + 标题党 + 大字 …… 150
12.3.1 人脸第一 …… 151
12.3.2 标题快、准、狠 …… 151
12.3.3 字体稍大 …… 152
12.4 使用黄油相机制作视频封面 …… 152
12.4.1 裁剪照片的尺寸 …… 152
12.4.2 制作醒目的标题文字 …… 154
12.4.3 使用贴纸装饰封面效果 …… 156
第 13 章 主题——如何拍出发光的日常 …… 158
13.1 如何拍日常感的 Vlog …… 159
13.1.1 自己出镜 …… 159
13.1.2 一定要有主题 …… 160
13.1.3 多用视频镜头语言 …… 161
13.2 如何拍美食类的 Vlog …… 162
13.2.1 食材篇的拍摄 …… 162
13.2.2 道具篇的拍摄 …… 163
13.2.3 制作过程的拍摄 …… 164
13.2.4 享用美食的拍摄 …… 165
13.3 如何在 Vlog 中把人拍美 …… 166
13.3.1 外在形象美 …… 167

13.3.2 有自己的特色 …… 167
13.3.3 尽量化妆 …… 168
13.3.4 笑容抵御一切 …… 169
13.4 如何拍产品展示的 Vlog …… 169
13.4.1 以故事情节来带货 …… 170
13.4.2 主播亲自试用来带货 …… 171
13.4.3 以产品功能来带货 …… 171
13.4.4 以好物推荐来带货 …… 172
第 14 章 后期——掌握 Vlog 的处理思路 …… 173
14.1 小清新的 Vlog 怎么做 …… 174
14.1.1 前期的拍摄技巧 …… 174
14.1.2 后期色彩的处理思路 …… 176
14.1.3 小清新风格的配音要讲究 …… 179
14.2 Vlog 后期的三大要素 …… 180
14.2.1 确定主线 …… 180
14.2.2 确定基调 …… 181
14.2.3 大量积累 …… 182
14.3 五分钟学会懒人后期思路 …… 182
14.3.1 开头的剪辑 …… 183
14.3.2 正文的剪辑 …… 183
14.3.3 结尾的剪辑 …… 183
第 15 章 剪辑——如何制作一段成品 Vlog …… 184
15.1 剪辑 Vlog 并制作视频特效 …… 185
15.1.1 剪辑视频素材 …… 185
15.1.2 变速处理视频 …… 188
15.1.3 使用滤镜特效 …… 190
15.1.4 制作开场动画 …… 191
15.1.5 使用转场特效 …… 192
15.1.6 制作视频字幕 …… 194
15.1.7 制作片尾引流 …… 197

15.2 制作 Vlog 视频的背景声效 …… 199
15.2.1 添加背景音乐 …… 199
15.2.2 录制语音旁白 …… 203
15.2.3 导出成品 Vlog …… 204
第 16 章 成品——日常 Vlog 案例的拆解 …… 205
16.1 日常 Vlog 案例 …… 206
16.1.1 做早餐、吃早餐 …… 207
16.1.2 咖啡馆的日常营业 …… 208
16.1.3 亲手制作梅子酒 …… 209
16.1.4 与孩子的幸福时光 …… 210
16.2 美食 Vlog 案例 …… 211
16.2.1 准备好食材 …… 212
16.2.2 制作三明治 …… 213
16.2.3 分享美食成果 …… 213
16.3 旅行 Vlog 案例 …… 214
16.3.1 拍摄途中的交通工具 …… 216
16.3.2 分享各种特色的美食 …… 216
16.3.3 片尾巧用字幕来结束 …… 217
第 17 章 分享——Vlog 媒体平台的发布 …… 219
17.1 视频号的发布技巧 …… 220
17.1.1 了解平台的发布规则 …… 220
17.1.2 多发布本地化的视频 …… 220
17.1.3 Vlog 视频的尺寸要求 …… 221
17.1.4 快速创建微信视频号 …… 222
17.1.5 选择合适的发布时间 …… 225
17.1.6 发布 Vlog 作品的流程 …… 225
17.2 抖音平台的发布技巧 …… 228
17.2.1 蹭节日热度提升流量 …… 228
17.2.2 不要轻易删除发布的内容 …… 229
17.2.3 发布 Vlog 作品的流程 …… 230

17.3 快手平台的发布技巧 ······ 233
17.3.1 发布 Vlog 作品的流程 ······ 233
17.3.2 重视视频的留言功能 ······ 237
17.4 B 站的发布技巧 ······ 237
17.4.1 了解平台的热点信息 ······ 238
17.4.2 发布 Vlog 作品的流程 ······ 239
第 18 章 变现——打造视频博主个人品牌 ······ 241
18.1 解析爆款 Vlog 视频博主 ······ 242
18.1.1 美食博主：麻辣德子 ······ 242
18.1.2 励志博主：房琪 kiki ······ 243
18.1.3 搞笑博主：多余和毛毛姐 ······ 244
18.2 Vlog 视频的 8 种变现模式 ······ 244
18.2.1 广告变现 ······ 244
18.2.2 电商变现 ······ 245
18.2.3 流量变现 ······ 245
18.2.4 知识变现 ······ 246
18.2.5 实体店变现 ······ 247
18.2.6 微商变现 ······ 248
18.2.7 直播变现 ······ 249
18.2.8 咨询变现 ······ 250

个人美学创业顾问

Vlog视频专家

美食博主

——vivi

第1章 入门——开启Vlog视频之路

1.1 什么是 Vlog

我在一些自媒体网站上，开设了 Vlog 的视频课程，很多朋友也是因为看了我拍摄的 Vlog 作品后才开始认识我、了解我，想跟我学习 Vlog 视频的拍摄。有很多小伙伴经常会在后台这样问我：什么是 Vlog 视频？ Vlog 视频到底是一种什么样的视频？所以，接下来我就从认识 Vlog 视频开始讲起。

Vlog 视频由两部分组成，一个是 Vlog，一个是视频。视频有很多种不同的风格，如短视频、长视频、微电影以及电影等，而 Vlog 相当于视频博客。

那什么是 Vlog 呢？ Vlog 是从国外引进的，我国从 2006 年开始有 Vlog 文化。其实 Vlog 就是一种用视频的方式来记录生活的点点滴滴的日记。在以前的时候，我们写日记都是通过文字的方式来展示，而近几年随着短视频的流行，大家已经开始用视频来记录生活，所以 Vlog 是一种视频日记的形式。

图 1-1 所示，是我拍摄的一个制作蛋糕的 Vlog 视频，记录了蛋糕的制作过程。

▲ 图 1-1　制作蛋糕的 Vlog 视频

通过上面制作蛋糕的小视频展示，相信大家已经了解了 Vlog 视频的概念。一般 Vlog 视频都有自己的生活场景，那种真实存在的场景，不是为了表演而临时搭建的，这是 Vlog 视频的最初模样。现在，随着 Vlog 视频的流行和发展，制作者都会在视频中加入一些主题元素，使拍摄的视频更加吸引观众的眼球。

随着 Vlog 的普及，普通人只需要一台手机即可拍出吸引人的 Vlog 视频。Vlog 视频按时间来划分，有短视频和长视频两种。前两年抖音刚开始流行起来的时候，上面发布的基本都是 15 秒的短视频，我认为 15 秒至 15 分钟之内的视频，都可以称为短视频；而 15 分钟以上，到 1 个小时、2 个小时的视频可以称为长视频，像哔哩哔哩上面就有很多 1 ～ 2 个小时的长视频。

Vlog 视频按内容来划分，包括美食、美妆、情感、技能、育儿等几个部分。图 1-2 所示，为飞瓜数据网站中的行业类型，我们可以根据不同的类型来拍摄 Vlog 的视频内容。

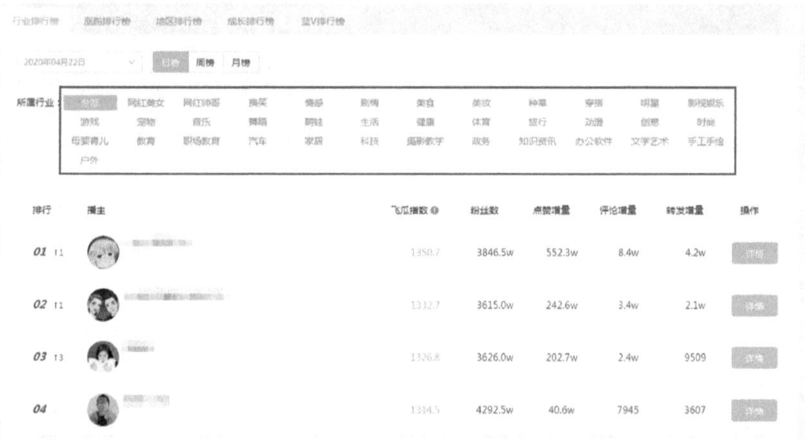

▲ 图 1-2　Vlog 视频可以拍摄的内容

比如，美妆类博主最常拍摄的 Vlog 视频就是教别人如何化妆。而我，是一位资深的美食博主，我不仅喜欢吃，更喜欢做各种美食，做一日三餐是我一天中最幸福的时刻，这种爱好在我开了咖啡馆之后，又被无限放大。

当我们了解了 Vlog 视频的分类后，这里还有一个问题，就是 Vlog 和短视频一样吗？答案是否定的，它们不一样，Vlog 是记录日常生活的短视频，它只是短视频中的一种，而短视频包含产品展示、带货视频、教学分享等各种风格迥异的视频类型。打个比方，Vlog 就像服装类别中的外套，而短视频就是整个服装品类，这就是它们的关系。

1.2 如何抓住 Vlog 风口

其实，这两年已经到了短视频的风口，当我们坐地铁或者等飞机的时候，你会发现很多人都在用手机看视频。而在家里，小孩和老人都喜欢看一些搞笑类的短视频，还有一些故事性的视频片段，用来消遣、打发时间。图 1-3 所示，就是一个故事性的 Vlog 视频片段。

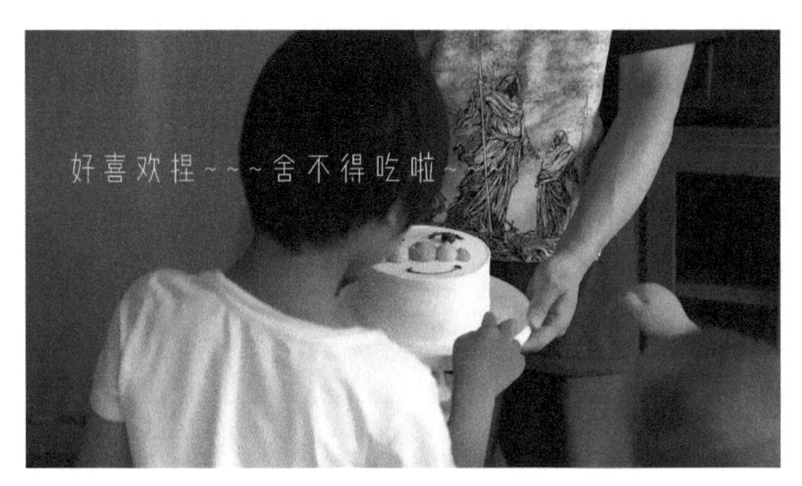

▲ 图 1-3　故事性的 Vlog 视频片段

雷军说过:“站在风口上，猪都会飞。”从受众的角度来说，视频受众会更大，各阶层都可以参与进来，而文章更适合深度学习的人。从时间上来说，短视频 30 秒就可以看完，而阅读一篇短文至少要花费几分钟的时间。所以，付出同样的时间，视频的信息量和传播影响人数会是文章的 N 倍。

一篇“10 万 +”的爆文，现在也难以转化多少真正的粉丝，同样的精力制作一个爆款短视频，很快就会获得百万点赞量，转化的粉丝从几十万到上百万。曾经，微信公众号比较流行的那几年，很多公众号靠写文章，一个月广告收入几百万元；而李佳琦靠一场视频直播，销售就是几个亿，这样的流量和收入是公众号文章没法比的。

个人品牌创业也是如此，原本需要花 10 分力气才能达成的目标，如果你站在风口上,可能仅仅只需要 1 分的努力就可以完成。如今,各大公司都在布局短视频，如百度、今日头条、微博、阿里巴巴等，腾讯更是不止有微视，现在还推出了视频号。并且，他们对优质内容的创作者提供了各种补贴福利，很多创作者甚至靠流量都月入过万元。最主要的原因是，它的门槛很低，一个手机就可以满足要求。

我们可以留意身边的人，打开手机之后他们的注意力都会在哪里？不用我说，80% 的人都沉迷在各种短视频平台。写文章，大家都知道不是一日之功，需要长时间的坚持，并且写作除了要有各种各样的题材，还要学习不同的写作方法。而短视频的技能则很容易学会，对普通人来说门槛相对低很多。

上海 80 岁的老奶奶，从来没有上过学，也不识字，通过短视频月入 3 万元；我的朋友陈琳通过拍短视频，把濒临倒闭的药厂重新做出了业绩；这次受疫情的影响，很多线下实体店、品牌商都在寻找好的视频制作者合作，很多明星、网红都纷纷入场，连罗永浩都开始入局短视频生态。在这么好的形势下，短视频将是我们普通人打造个人品牌的最佳路径，也是普通人实现财富自由的最快方式。Vlog 视频拍摄，早进入、早受益。

人的一生中，会遇到很多风口，只要你抓住一次，努力并迎风而起，就能让自己轻松升级。这次短视频风口相信你不会错过。但有的人说，他拍短视频仅是为了记录日常的一些生活、事件，这是可以的。因为无论你拍摄 Vlog 视频的出发点是哪一种，现在都是最好的时机。

1.3　爆款 Vlog 视频揭秘

现在，我们已经走进了视频时代，在一些自媒体网站上，也出现了很多素人的爆款博主。比如我的一个朋友，她没有上班，待在家里因为没事可干，就拍了一些美食制作的短视频发到网上，没想到积累了 200 多万的粉丝。后来，有很多商家找她合作，现在她一个月的收入有几十万元。那么，对于这些爆款 Vlog 视频，它们有哪些关键点呢？

1.3.1　抢占视频流量

现在的视频都非常抢眼，网上有一个报道是这样说的，如果你是写文字的，另外一个人是做视频的，那么做视频的那个人会比你更容易、更快地火起来。网上还有一篇文章是这样说的，在这个 5G 时代，视频才是普通人逆袭的最好机会。

所以，每个人都是有这个机会的。现在，不仅是普通人在占视频的流量，那些平台、机构、公司也都在抢占视频的流量。比如，抖音平台在 2019 年年初的时候，就开放了 10 亿流量来扶持那些视频博主。

现在，每一个新媒体平台都在做自己的视频栏目，当你拍出了一个视频作品的时候，不管是发到抖音、今日头条、微博或者是快手平台，都是非常受欢迎的，这些平台都会给你流量扶持。图 1-4 所示，为抖音平台上发布的 Vlog 视频，点赞量 75.7 万。

▲ 图 1-4 抖音平台上发布的 Vlog 视频

1.3.2 定位决定一切

有些人拍 Vlog 视频的时候，就是想到什么拍什么，今天拍美食，明天拍宝宝日常，后天拍旅行。如果你没有任何的规划和技巧，只是拿起手机随便拍，这样你很难成为一个视频大 V，也很难通过视频让自己火起来。

所以，我们需要做定位，这非常重要和关键。怎么说呢？ Vlog 视频就好比一艘船，那它是要去美国还是英国呢？定位就能决定它的行驶方向。比如，你的定位是做一位美食博主还是育儿博主？美食博主与育儿博主发布的视频内容肯定不一样。下面通过 3 个方面教大家如何找到自己的定位：

（1）我的工作内容是什么？

（2）我喜欢什么样的内容？

（3）我即将发展什么内容？

比如，你是一位律师，那你的工作内容就是律师方面的，这时你就可以拍一些律师会做的事情。比如，律师是怎么处理案子的？律师是怎么赚钱的？律师是怎么相亲的？律师是怎么穿着的？律师的日常工作是什么？律师需要掌握哪些技能？等等，让你拍的 Vlog 视频都围绕律师这个职业展开。

那有的读者会说，我是开水果店的，我不喜欢我的工作内容，平常也没有什么可拍的，那这个时候该如何定位呢？这就涉及了上面讲到的第（2）点，你喜欢什么样的内容？你有哪些兴趣爱好？比如，你特别喜欢美食，那你就可以拍各种美食的吃法，寻找城市中各种美食的地点推荐给大家，以及如何吃美食更加健康等。

如果你既不喜欢自己的工作，也没有兴趣爱好，这个时候你可以去学习一项自己感兴趣的技能，这就是你即将要发展的方向，把自己成长的过程拍下来，与大家一起分享成长经历，也是一个不错的选择。

如果大家还找不到自己的定位，下面我推荐一些可以进行自我定位的方向，供大家参考，如图 1-5 所示。

（1）颜值：
美女、帅哥、萌娃、美妆、美发、减肥、时尚、护肤、穿搭、街拍
（2）兴趣：
汽车、旅行、游戏、科技、动漫、星座、美食、影视、魔术、声音
（3）生活：
动物、生活、体育、情感、家居
（4）技艺
搞笑、音乐、舞蹈、技艺、文艺、画画、程序员、外语、魔方
（5）体育
体育、足球、篮球、减肥、健康、瑜伽
（6）游戏
游戏、绝地求生、王者荣耀、刺激战场、英雄联盟、穿越火线、第五人格、我的世界

（7）上班族
职场、办公室、程序员、办公软件、Excel、Word、PPT、Office
（8）学生党
小学、初中、高中、大学、语文、数学、公考、校园、教育
（9）小屁孩
早教、母婴、育儿、玩具
（10）探索发现
教你XX、XX界的XX、对方是你的XX、XX粉丝团、手机用户XX
（11）其他
明星、演员、品牌、蓝V、购物车、种草、金句、政务、老外、探店、头条系、技术流、娱乐、养生、法律、心理、手表

▲ 图 1-5　一些可以进行自我定位的方向

1.3.3　做垂直细分领域

当找准自己的定位后，接下来就可以根据定位来做选题、找素材。比如“口红一哥”李佳琦，他是一位知名的美妆博主，他的定位很清晰，即抓住了“口红”

这个素材，只做口红产品，把各种各样的口红拍到位，他就出名了，成了“口红王子”。在视频中，他凭借着夸张的语气和表演，吸引了观众的注意力，并成了超级网红，如图 1–6 所示（数据截至 2020 年 7 月）。

▲ 图 1–6 “口红一哥”李佳琦的淘宝直播间和微博的粉丝数

又比如，知名美食博主李子柒，她的定位是美食类，因为网络上的美食博主有很多，她为了区别开来，细分领域为山野美食，主要是“隐于”山间田园，过着世外桃源般的悠然生活，微博粉丝 2430 万（数据截至 2020 年 7 月），如图 1–7 所示。看过她的 Vlog 视频后，不免让人产生对古朴田园生活的向往，因此追随她的粉丝也很多。

▲ 图 1–7 美食博主李子柒

1.3.4　巧用万能公式

为什么叫万能公式呢？我研究了很多视频和大 V 以后，觉得所有的视频都可以用这个公式去概括，那这个公式是什么呢？那就是“封面 + 开头 + 正文 + 结尾”，这很像我们以前写作文。

先说封面，很多时候我们点开视频是因为封面足够吸引我们，如果这个封面让我们感到不舒服，我们就不会去点开它。所以，视频的封面很重要，那些具有视觉冲击力的封面很容易就被我们点开，从而博取用户的眼球。图 1-8 所示，是我在微博发表的 Vlog 视频，可以看到封面都是被精心设计过的，能吸引人的眼球。

▲ 图 1-8　我在微博发表的 Vlog 视频的封面效果

一段视频的开头也很重要，当我们看到这个封面并点开的时候，就能看到视频开头的内容。假如封面是一张美女的照片，而视频的开头是一个女孩在说话，但声音特别难听，那么大家就不会有继续看下去的欲望。因此，视频的开头一定要惊艳，要能吸引人。

视频的开头开好了，让人有想看下去的欲望，那么接下来的正文也同样重要。正文属于视频的高潮部分，如果正文内容拍得不好，别人也会立马关闭你的视频，这样也会丢失很多粉丝。所以，拍好正文的视频同样需要技巧，在本书第 13 章会向大家进行详细介绍。

再来说说结尾，大家把你的视频看完了，最后如果你能画龙点睛一下，效果会更好。比如，有些人会做个抽奖活动，有些人会在结尾的时候做个花絮，有些人会在结尾给观众一些惊喜，那大家对你的印象会非常深刻，下次还会来看你的视频。

1.4 拍 Vlog 视频从何下手

很多新手拍 Vlog 视频都不知道从何下手，下面这 3 点请仔细看。

1. 你为什么要拍视频

在学习拍 Vlog 视频之前，先要明白自己为什么要拍视频。大家都在拍视频，我也要拍，但是我拍什么呢？怎么开始拍？问这个问题的人，往往是没有目标的人，他只是看到这件事情很热闹，自己不参与好像就会损失什么。这个时候，我们需要理智地问自己：为什么拍视频？无非是两个原因，第一是好玩，第二是能挣钱。

很多人拍视频就是觉得拍视频好玩，可以把自己喜欢的事情记录下来，比如拍家人、拍某些重要的事件。有些人觉得拍视频可以为自己的个人品牌加分，可以卖出更多的产品，这样的动机会比之前的更强。

如果拍视频仅是为了让自己看，那拍摄时可以很随意。但如果你要发到平台上，让大家看到你拍的视频，甚至一不小心就成了“网红”，这个时候你就要想一想，自己怎么拍、拍什么才会让大家更喜欢看？想好了这两个问题，你的视频就不愁没人看。

2. 拍什么内容

问这个问题的时候，你又进了一步，这个时候你要想一下，自己喜欢拍什么方面的内容，也就是前面所讲的定位，你拍视频主要用来记录生活的点滴，还是要拍产品广告，或者拍美食片等。

确定了自己的定位之后，才能明白要拍摄的主题内容。当你的定位缩小到一个点之后，你的注意力就会聚焦，然后你在拍摄 Vlog 视频之前，先看看别人是怎么拍的。比如，我喜欢读书，想拍读书的视频，那我可以打开视频网站，搜索读书类的视频，先看看别人是怎么拍的。等积累了一定的经验与感觉之后，借着别人的创意再自己去拍，这样就可以大大节省精力，也不容易出错。

3. 给自己找个好老师

其实，对于一般人来说，自学的速度是比较慢的，当然不排除那些“学霸”，普通人最好是找个老师来带自己。选老师也是有讲究的，现在网络上的老师也比较多，你可以看看哪位老师的作品是你喜欢的风格，如果这位老师的口碑不错，人品也可以的话，那么跟着他也许能学到你想学的知识。

1.5 日常 Vlog 可以拍什么

日常 Vlog 可以拍什么？这是很多新人都有的疑问。在这个视频时代，每位博主都在自己的领域坐拥百万、千万粉丝，但是每个人都有着不同的风格。作为初入视频行业的人来说，就需要找到相对来说更多人关注的赛道，比较火的选题会让你更快地脱颖而出，收获流量。这里，我总结了 5 种比较热门的日常 Vlog 类型，希望对大家有所帮助，让大家理清拍摄的思路。

1.5.1 美食类

中国人很讲究吃，俗话说，“民以食为天”，美食栏目是一个比较经典的项目，而且永远不会过时。中华美食门派众多，很容易创出新的口味，食材也非常丰富，而且每一个中国人都有下厨的天赋。所以，美食主题是最火的话题之一，是新手刚开始着手的一个好主题。图 1-9 所示，为美食类的 Vlog 视频。

▲ 图 1-9　美食类的 Vlog 视频

1.5.2 搞笑类

现代生活节奏加快，大家对喜剧和娱乐的需求越来越强烈，搞笑类的节目一直占据着最火的视频赛道，只要你的段子足够好玩、足够有创意，大家就会忽略你的摄影技巧。而且，搞笑类的视频受众范围广，男女老少皆宜，这类视频是很容易吸粉引流的一个分类。图 1–10 所示，为抖音上比较搞笑的 Vlog 视频，点赞量 237.6 万。

▲ 图 1–10 抖音上比较搞笑的 Vlog 视频

1.5.3 美妆美容类

随着时代的进步，大家对美的追求也越来越高，变美也成为热门的话题，如果你平时对化妆护肤很有心得，或者很会买东西，那么这个赛道最适合你。美妆也是变现最快的一个领域，现在开始做的话正在风口上，李佳琦就是通过视频美妆领域做起来的。图 1–11 所示，为抖音上比较火的美甲类 Vlog 视频。

1.5.4 生活技巧类

生活技巧更具有实用性，各种小窍门、主题分享等，都很容易得到大家的关注。如果你的内容足够有用、有效，那么积累粉丝也会特别快。这也是一个超级好做的领域。图 1–12 所示，为抖音上比较火的生活技巧类 Vlog 视频。

☆专家提醒☆

有些人说，我感觉自己什么也不知道，什么也不擅长，工作也不想拍。那你可以直接去选择跟风拍最热门的话题。热门，首先是大家都在关注的，你只需要去模仿，别人拍什么你也跟着拍什么就行，先让自己行动起来。但是，热点来得快去得也快，如果你没有那么快的反应速度，这招就需要谨慎使用。

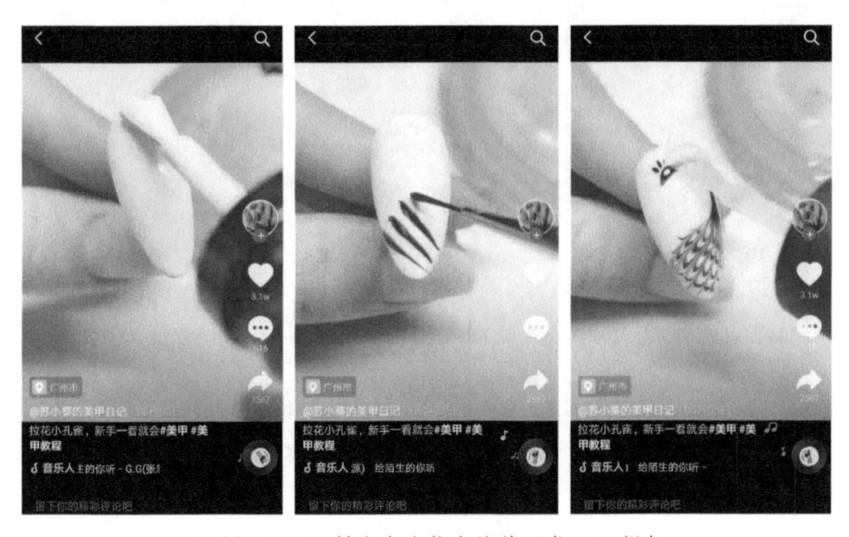

▲ 图 1-11　抖音上比较火的美甲类 Vlog 视频

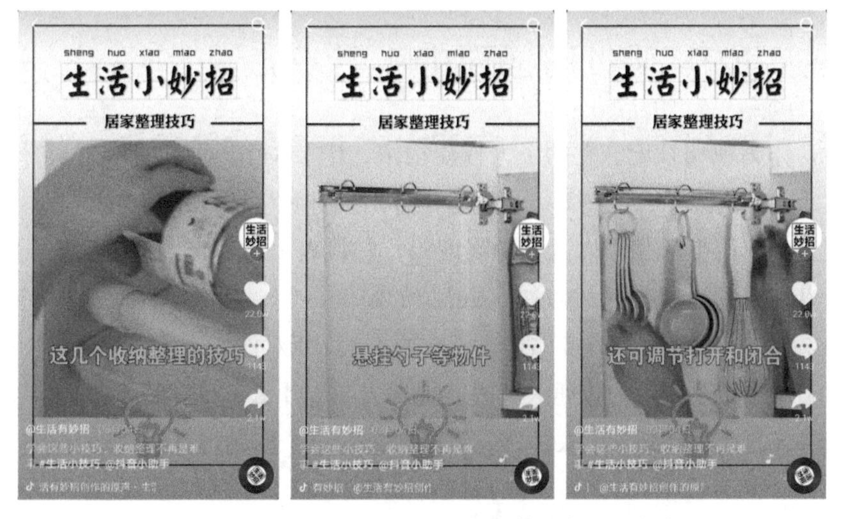

▲ 图 1-12　抖音上比较火的生活技巧类 Vlog 视频

1.5.5　知识分享类

这个领域比较专业，比如某方面的专家，包括科技、数码、科学、医学、法律、摄影、手工艺、旅行、时尚等，如果能够持续输出专业的优质内容，也是很好吸粉的，而且做起来也相对轻松，因为专业的门槛就阻挡了很多人进入该领域。图 1–13 所示，为抖音上摄影知识分享类的 Vlog 视频。

▲ 图 1–13 摄影知识分享类的 Vlog 视频

1.6 为什么你的 Vlog 没人看

我在后台收到了很多小伙伴的私信提问，其中问得最多的问题就是：我很用心拍，但我的 Vlog 为什么还是没人看呢?

Vlog 作为视频日记，它的个人性质很浓，用 Vlog 记录你的日常，它代表了你的生活、社交圈子、审美等，可以看出你对某一种生活方式的追求、对当下生活的感受、你的生活品质以及精神高度等，它代表了你的个人价值和个人形象。所以，Vlog 视频影响着别人对你个人品位的定位。

如果你是一个明星，或者你是我喜欢的人，那我对你的生活当然会产生好奇，但是对于一个素不相识的普通人来说，她每天在干什么，我真的不关心。那什么样的普通人，会引起别人的关注呢? 本小节针对这个问题进行相关讲解。

1.6.1 你的 Vlog 是否有主题

很多人拍 Vlog 以为就是记录日常生活的流水账，从头到尾交代先干什么后干什么，然后就结束了，整个过程没有一个亮点和主线，而且 Vlog 动不动就是几分钟。请问，谁愿意看一个普通人无趣的生活呢?

所以，你的 Vlog 视频一定要有主题、有特色，这是拍 Vlog 视频前最重要的事情，一定要明确 Vlog 视频的主题和故事线，而不是拿起手机走到哪儿拍到哪儿，这样可以避免一些单一、无趣、冗长的镜头出现。

1.6.2　你的 Vlog 是否有价值

价值就是我看完了你的视频之后,我学到了什么,或者我得到了什么。搞笑、感动，学习某个技能、某种知识等，这些都算价值。关于这个问题，你在拍摄之前就需要想好。如今各种视频铺天盖地，大家的注意力很有限，要停下来关注某个陌生人，一定是这个人的价值打动了他。关于 Vlog 的价值，主要有以下几种类型。

1. 知识价值

知识价值主要是解决某个问题的方法，比如遇到了合同纠纷该怎样去解决，鞋子脏了如何快速洗干净，或者只需要一招即可拍出大片感的婚纱照片等实用方法；还可以是解决某个知识盲区，比如你从来没见过这样的捕鱼方法，香蕉还可以这样吃等平常生活中容易忽视的问题。图 1-14 所示，就是知识价值类的 Vlog 视频分享。

▲ 图 1-14　知识价值类的 Vlog 视频分享

2. 情感价值

搞笑类的 Vlog 视频是很受欢迎的一种视频风格，能让人在紧张的工作之余轻松一笑，缓解压力，这就是提供的一种情感价值。还有一些特别感人以及倾诉烦恼等能够引起共鸣的 Vlog 视频。

3. 美的价值

美的价值主要包括以下 3 个方面。

（1）形象美，是指一些“网红”本身的形象就很好，美女帅哥天生就有观众缘，一个漂亮的人的日常生活就让人很有看头。但是，表面的美好，时间长了容易看腻，还需要有一些真正有价值的东西在里面。

（2）画面美。有些拍摄者对镜头把控很有经验，只要是他拍的作品，就很注重画面的美感，让人很羡慕他精致的生活，看着这样的视频能给人一种美好的视觉享受。画面美当然需要你有一定的拍摄技术，因此会对拍摄者有更高的要求。

（3）故事美。有的 Vlog 作品很注重故事的完整度，各种故事情节编排、剧情反转，就像电视剧、电影一样，引人入胜，这些也会很受欢迎。

图 1–15 所示，为抖音上具有形象美的视频，点赞量也超高，十分受欢迎。

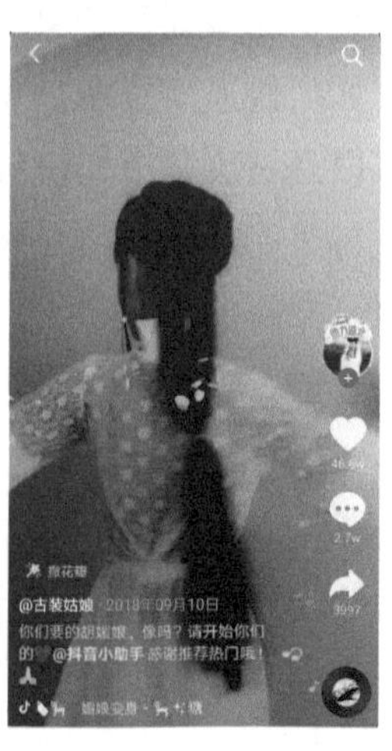

▲ 图 1-15 抖音上具有形象美的视频

如果你从现在开始，按以上几个方面来调整你的 Vlog 视频，只要不断坚持，一定会积累到很多喜欢看你视频的粉丝群体。当然，拍出一个受欢迎的 Vlog 作品，还需要很多技巧，如果你是在线上做个人品牌的，或者你有一技之长开实体店的，那么 Vlog 都是你最好的宣传方式。

第2章 前期——拍摄Vlog前的准备

2.1 会拍要先会看

学习是有方法的，在拍摄 Vlog 之前，一定要先学会看，这是很重要的。比如，现在给大家出个题目，请大家去拍摄一段明天的早餐，那么你会怎么去拍呢？在大家心里多少都有一些想法，但是第一步肯定是先去看别人是怎么拍的，那些拍早餐拍出了爆款的人，他们有哪些特点，我可以在他们拍摄的视频上学到哪些技巧。

当你看多了这些视频之后，就会有很多自己的想法和灵感出现，就不会再像之前一样只会单一的一种拍法了，这样你拍的早餐 Vlog 视频就会越来越好。图 2-1 所示，是我之前拍摄的发布在微博平台上的早餐 Vlog 视频。

▲ 图 2-1　我在微博上发布的早餐 Vlog 视频

会拍一定要先会看，如拍美食视频之前，要先看别人是怎么拍摄的；拍宝宝视频之前，先看别人是怎么拍宝宝的；拍美妆视频之前，先看别人是怎么拍美妆的。

2.2　如何搜索同类优质视频

我们在创作与拍摄 Vlog 视频之前，一定要建立自己的素材库，我把这个过程称为“搜商”，就是搜索的能力。现在是互联网时代，任何问题都可以在网络上找到蛛丝马迹，搜商高的人每次遇到问题只要网上一搜，答案就全出来了，用都用不完。

那么，搜商不够的人怎么办呢？首先不知道自己该怎么下手，有时候搜半天也搜不出自己想要的东西来。其实，搜索也是有迹可循的，搜商是可以通过方法来提高的。开启你的搜商能力，可以大大缩短处理事情的时间，提高工作效率，达到事半功倍的效果。那么，平时我们该去哪里搜索呢？因为我讲的是 Vlog 视频，所以通过短视频来举例。

2.2.1　在视频平台中搜索

比如，我想拍一个三明治的 Vlog 视频，但是我不知道该如何下手，那么我就要打开各种视频网站，先去看别人是怎么拍的，如抖音、快手、小红书、B 站、微博等，把关键字输进去，能搜出很多制作三明治的视频。下面以抖音平台为例，向大家讲解搜索三明治做法的相关视频，具体操作步骤如下。

步骤 01 打开“抖音短视频”APP，进入“推荐”界面，点击右上角的“搜索”按钮，如图 2-2 所示。

步骤 02 进入搜索界面，在上方文本框中输入需要搜索的关键字，如“三明治”，如图 2-3 所示。

▲ 图 2-2　点击“搜索”按钮

▲ 图 2-3　输入需要搜索的视频名称

步骤 03 点击第一条文字链接“三明治的家常做法”，即可搜索到三明治的相关视频进行学习，如图 2-4 所示。

▲ 图 2-4 搜索到三明治的相关视频进行学习

图 2-5 所示，是在微博上搜出来的三明治 Vlog 视频，这段视频的转发和评论数都很高，可以看看他是怎么拍摄的，总结经验与技巧。

▲ 图 2-5 微博上搜出来的三明治 Vlog 视频

哔哩哔哩的英文名称为 bilibili，是一个年轻人高度聚集的文化社区和视频平台，很多用户会在网站上分享视频，该网站被粉丝们亲切地称为 B 站。B 站经过多年的发展，围绕用户、创作者和内容，构建了一个源源不断产生优质内容的生态系统。图 2–6 所示，为 B 站中搜索出来的三明治 Vlog 视频。

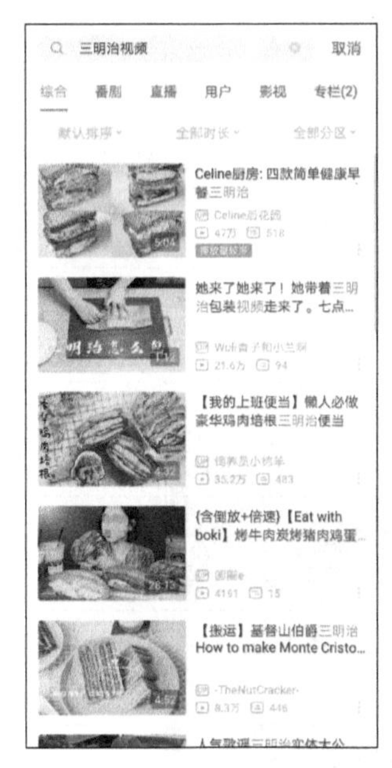

▲ 图 2–6　B 站中搜索出来的三明治 Vlog 视频

2.2.2　在搜索引擎中搜索

除了可以在一些专门的视频平台上搜索外，还可以在一些搜索引擎中搜索相关视频，比如百度、360 搜索等。因为现在是短视频时代，每个人都参与到了视频制作中，每个网站都会抢占这一风口。所以，很多搜索引擎中也可以搜索到相关视频。

当我们知道了去哪里搜索之后，怎么搜也很重要，这就需要我们找对关键词。比如，我要做三明治，以百度搜索为例，我会在搜索栏中直接输入“三明治”3 个字，然后进入“视频”页面，这个时候会出现很多三明治的视频，如图 2–7 所示。

单击相应的视频链接，打开网页页面，可以在不同的视频中学习一些好玩、有特点的 Vlog 视频拍摄方法，如图 2–8 所示。

▲ 图 2-7 百度中搜索出很多三明治的视频

▲ 图 2-8 在不同的视频中学习拍摄方法

一般情况下，我还会搜索相关的关键词，因为我想在视频中加入更多的创意。于是，和三明治相关的面包、探店、咖啡馆、美食等都可以输入搜索栏中进行搜索，这时候就会搜出很多相关的视频资料。这样的话，对我们来说素材库就大大丰富了。所以，拍视频之前，一定要先搜索同类视频进行学习、参考和借鉴。

知道去哪里搜、怎么搜之后，接下来就需要将这些视频平台、搜索引擎等网站都收藏起来，方便我们下次需要的时候能很容易地找到。比如，我很喜欢用微信的“收藏”功能，我也会在网站上直接点击“收藏”按钮进行收藏，这里大家选择自己最方便的操作即可。

2.3　什么是优质的 Vlog 视频

在拍摄 Vlog 视频之前，我们需要知道什么是好的 Vlog 视频，及如何拍出好看的 Vlog 视频。在这个前提下，我们再开始制作 Vlog 视频，就会起到事半功倍的效果。

2.3.1　画质一定要清晰

抖动是影像质量的大敌，试想，拿着手机的你正在拍摄 Vlog 视频，忽然手部一阵抖动，拍出来的视频就有了一种“朦胧美”，这种情况无疑是我们不愿意看到的。图 2-9 所示，就是模糊与清晰画质的对比。所以，拍 Vlog 的时候手不能抖动，而且对焦要准确。

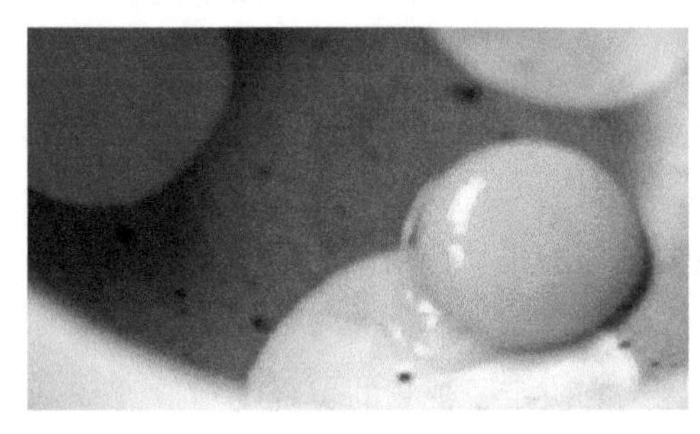

模糊的鸡蛋

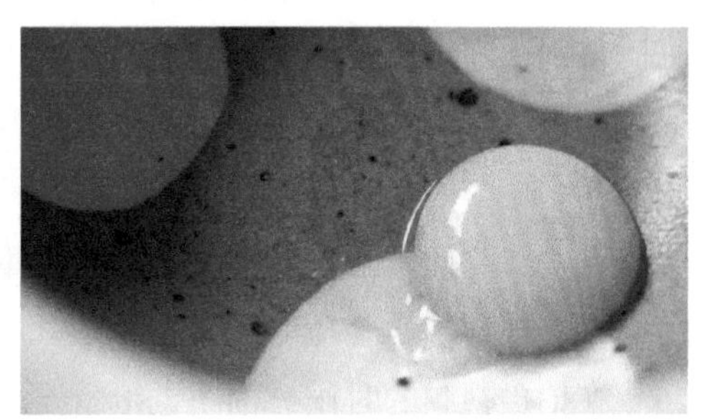

清晰的鸡蛋

▲ 图 2-9　模糊与清晰画质的对比

如今的手机，基本都配备了防抖功能，而采用了防抖技术的机型，可以有效克服因手抖产生的影像模糊，从而稳稳地进行拍摄，提高成像质量。除了使用手机自身的防抖功能外，还可以通过双手手持，来确保手机拍摄时的稳定性。除此之外，还可以使用八爪鱼等脚架设备来固定手机进行拍摄，这样画面感会更好。

对于视频创作者来说，如果拍摄的画面是模糊的，那么即使视频再具有创造性，其结果也会失败。一般来说，视频出乎意料的模糊，其原因主要包括两点：一是手机的抖动，二是疏于精确的聚焦。

目前，大多数手机都具有自动对焦功能。然而，在景深特别小的情况下，自动对焦往往会不准确，特别是在对主体近距离对焦时，手机摄影功能的局限性就会显现出来。此时，我们就可以通过触摸屏幕来对焦，如图 2-10 所示，将焦点放在我们想要突出表现的主体上，这一点跟单反相机的手动对焦相似。

▲ 图 2-10　通过触摸屏幕来对焦

2.3.2　保证画面的美观度

视频需要聚集观众十几秒到几分钟的注意力，如果你的视频画面很美，或者画质特别清晰，那么你在视觉上就胜利了。

所以，画面感好的视频博主会很受欢迎，观众的审美力也能得到提高。在视频后期处理中，我们需要加强视频的色彩、剪辑的节奏等，这些都会影响到画面的美观度。除此之外，视频的元素也很重要，如配乐、旁白、字幕、光线等，都需要认真规划。

在拍摄视频的时候，构图也很重要，因为它决定了视频的美观度。拍摄 Vlog 视频的时候，画面中的主次要分明，主就是主角、主体，拍摄者最想表达的东西；而“次”就是配角，用来陪衬主角的存在。在拍摄中，我们可以用前景、中景、背景再配合景深、距离远近、位置、色彩等来达成主次分明的效果，给人深刻的印象。

图 2-11 所示，是我在厨房拍摄的西红柿，被我咬了一口，还流着汁液，这使得食材看上去特别新鲜，让人有想吃的欲望。整个画面的颜色非常亮丽，画面中的主体就是手中的西红柿，周围的环境就是配角，背景再配合景深效果，使主体更加清晰、显眼。这样的画面就很吸引观众的眼球。

▲ 图 2-11　画面中的主体明确、清晰

初学者最容易犯的错误就是“贪心”，即很想把看到的全部都拍进视频里，但是这样会使 Vlog 视频画面过于复杂、零乱，缺乏一个明确的主题。所以，我们要懂得取舍，做出适当的省略和裁切，这样视频的主题才会更突出。

图 2-12 所示，拍摄的视频画面就很简洁，只拍了一个大蒜和一个蘑菇，采用景深的拍摄手法将背景全部虚化，可以使画面主体突出，主题明确。

▲ 图 2-12　拍摄简洁的视频画面

2.3.3 使用最大分辨率拍摄

将手机调至最大分辨率，就是为了保证画质的清晰度，也是为后期提供更多的调整空间。下面以华为 P20 手机为例，介绍调整最大分辨率的操作方法。

步骤 01 在手机上找到“相机”图标，点击打开，切换至“录像”拍摄模式，在主界面中点击右上角的“设置”按钮，如图 2-13 所示。

步骤 02 执行操作后，进入“设置”界面，选择“分辨率”选项，如图 2-14 所示。

步骤 03 进入“视频分辨率”界面，在其中点击“3840 × 2160”单选按钮，这是视频的最大分辨率，是 4K 画质，如图 2-15 所示，即可完成最大分辨率的设置。

▲ 图 2-13 点击“设置”按钮　▲ 图 2-14 选择“分辨率”选项　▲ 图 2-15 点击最大分辨率

2.4 拍 Vlog 有哪些加分技巧

在拍摄 Vlog 视频的时候，有哪些技巧可以提升视频的优质度呢？我认为可以从 4 个方面来展开：第一，视频内容一定要丰富；第二，要用对拍摄工具；第三，你的 Vlog 视频一定要完整；第四，添加动人的背景音乐。下面分别对这 4 个方面进行详细介绍。

2.4.1　视频内容要丰富

视频内容一定要丰富，这样才会让观众觉得有看头。比如，我们在拍摄同一个画面的时候，可以从不同的角度去拍摄，如正面拍、侧拍、俯拍、仰拍等。图 2–16 所示，就是我拍摄的打蛋清的过程，一个是侧拍，另一个是俯拍，不同的角度对比可以使画面显得更加丰富多彩。

▲ 图 2–16　侧拍与俯拍的视频画面效果

除了可以改变拍摄的角度，还可以用不同的景别来拍摄，比如远景、中景、近景等。远景一般表现出气势辽阔的氛围，比如大自然的风光，或者旅行的一些著名景点等，需要展示大场面的时候，一般用远景，如图 2–17 所示。

中景取景就是指主体对象位于画面的中间部分，位于前景和背景之间，相对远景来说，视角要窄一些，而且在构图中的作用非常重要，可以将主体对象以及周围的陪衬环境完整地记录下来。

近景就是拍摄比较近的景物，画面以体现主体对象为主。还有一种是特写拍法，我们在拍摄美食的时候，一般用特写会比较多，如图 2–18 所示。这样可以拍摄出美食的更多细节，突出美食的表现力。

▲ 图 2–17 远景拍摄自然风光

▲ 图 2–18 以特写的手法拍摄美食

2.4.2 拍摄工具要正确

拍 Vlog 视频会有很多随机的好画面出现，这些素材会成为作品的亮点，也会让作品充满有趣的话题。但如果你的器材太繁杂、太重，或者打开比较麻烦的话，那无疑就会错过很多有意思的镜头。

所以，拍摄 Vlog 一定要找一个自己最顺手的机器，手机、轻便的卡片机或微单等，都是不错的选择。图 2–19 所示，我拍摄用的相机是索尼 a7r3。

▲ 图 2–19　我拍摄用的索尼 a7r3 相机

2.4.3 视频一定要拍完整

Vlog 视频虽然是自由创作的，但优秀的 Vlog 作品都有这几个关键部分：开场、转场和结尾。而且，这 3 个部分要有明显的区分，我见过很多新手的 Vlog 视频从头到尾都是一个节奏，带动不了观众的情绪。

在不同的镜头之间，视频画面还需要连接自然，那么转场就是必须要掌握的技巧。转场其实就是一种特殊的滤镜，它是在两段媒体素材之间的过渡效果。有效、合理地使用转场，可以使制作的 Vlog 视频呈现出专业的视频效果。转场可以在后期剪辑中添加，也可以在拍摄中就设计好。关于转场的内容，将会在第 15 章进行详细介绍。

2.4.4 添加动人的背景音乐

BGM（Background Music）是指视频的背景音乐，一个受欢迎的 Vlog 视频要包含画面和声音两个元素。

一段好的音乐、音效和配音对画面起着决定性的作用，能影响到画面质感的好坏。音乐可以制造气氛，比如欢快的视频搭配一首节奏明快的曲子，悲伤的内容搭配一首缓慢低沉的音乐，恐怖片常常有一些让人不舒服、不和谐的声音出现。

很多小伙伴都发愁：找不到合适的 BGM 来搭配视频作品。那我们应该去哪里找 BGM 呢？在飞瓜数据的页面中，有短视频热门视频及音乐的排行数据，这里有大量的优质音乐可供我们选择，借助这些热点可以获取更多的流量，如图 2-20 所示。

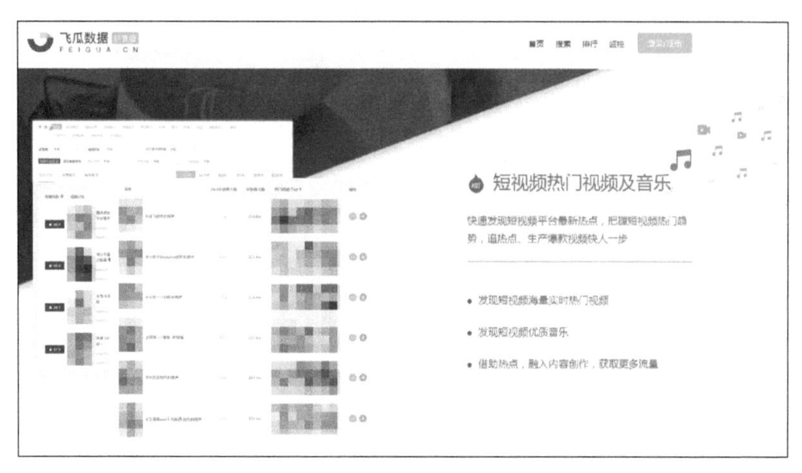

▲ 图 2-20　飞瓜数据的热门视频及音乐页面

在飞瓜数据页面中，点击右上角的“登录/注册”按钮，通过微信扫描二维码进入飞瓜数据后台管理界面，在左侧列表中选择“热门音乐”选项，在右侧有众多的热门音乐可供选择，如图 2-21 所示。

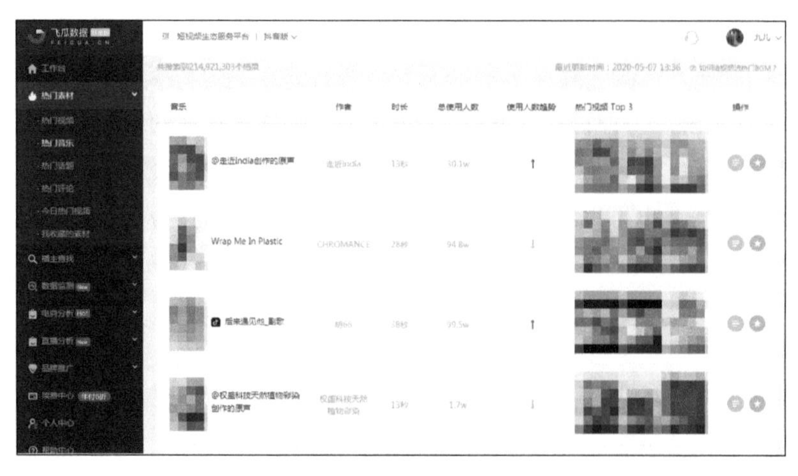

▲ 图 2-21　在飞瓜数据页面选择音乐

点击图 2–21 中音乐右侧的视频，可以看到不同的视频使用了同一首音乐，这个时候对比一下自己创作的 Vlog 作品，看看哪一种音乐更适合，下载、应用即可。如果这些音乐不是用作商业用途的话，那么基本是没有版权纠纷的。

另外，我们在网易云音乐的主页中，也可以按照热门歌曲的排行榜来搜索、试听、下载好听的音乐，作为 Vlog 视频作品的背景音乐。

2.5 拍 Vlog 视频的 4 种手法

很多小伙伴平时经常看各种 Vlog 视频，就萌生了想要拍摄 Vlog 视频的想法，但却不知道如何入手，最多的疑问就是：我的生活很平凡，我可以拍什么呢？我长得很普通，不上镜怎么办？

Vlog 其实是一种很自由的个人展示方式，你可以出镜也可以不出镜，你可以说话也可以用字幕表达，重要的是记录你的生活或者重要事件。

所以，不要认为没有酷炫的转场、高端的器材、好玩的故事、美丽的脸蛋，就不能拍 Vlog 了。要知道，每个人都可以是自己生活的记录者，将这些故事记录下来，以后回看的时候会觉得很有意思，而且视频比照片更有纪念意义。

本节主要介绍 4 种拍摄 Vlog 视频的手法，希望对大家有所帮助。

2.5.1 按时间线拍摄 Vlog 视频

拍摄日常生活的 Vlog 视频门槛较低，也是新手最容易上手的一种拍摄方式。我们所拍摄的视频，不一定要给别人看，留给自己作为美好的回忆也是很好的。

按时间线拍摄 Vlog 视频时，最典型的一种拍法就是：我的一天。这是 Vlog 视频最常见的拍摄形式，从早、中、晚这条线记录我们一天的生活。

当然，视频并不需要记录我们这一天做的所有事情，只需要挑选具有代表性的事件就可以了。比如，早上一般以拍摄起床、洗漱、早餐为主；中午可以为大家分享一些美食、学习、办公的日常，或出门逛街的情形；晚上出去跑步、写日记、看电影的画面都可以记录下来。

图 2–22 所示，为早上做早餐、中午“溜”娃的 Vlog 视频。

▲ 图 2-22 早上做早餐、中午“溜”娃的 Vlog 视频

2.5.2 按地点线拍摄 Vlog 视频

如果你觉得按时间拍摄“我的一天”没有什么特别的拍摄内容，那么可以尝试地点拍摄法。顾名思义，这种拍摄方法就是按照地点一、地点二、地点三来进行拍摄。一般在旅行 Vlog 视频中用得比较多，如可以为大家分享风景，也可以记录自己的旅游之路。按照这样的思路来拍摄，拍摄 Vlog 视频就变得很简单了。

图 2-23 所示，为欧洲小镇旅行的 Vlog 视频画面，这就是按地点线来拍摄的手法。

▲ 图 2-23　欧洲小镇旅行的 Vlog 视频画面

2.5.3　按主题线拍摄 Vlog 视频

有些日常 Vlog 视频会特意设计某些主题，如教学类、主题分享类、测评类等充满干货的内容，这类多见于 B 站，比如数码产品的测评，这类需要专业的知识以及很好的口才。如果你擅长写手账，就可以分享一些自己的日常手账生活 Vlog 视频；如果你喜欢读书，就可以做一期关于阅读主题的 Vlog 视频；有些 Vlog 视频还会进行一些街头主题的采访等。

图 2-24 所示，为一期关于阅读主题的 Vlog 视频。

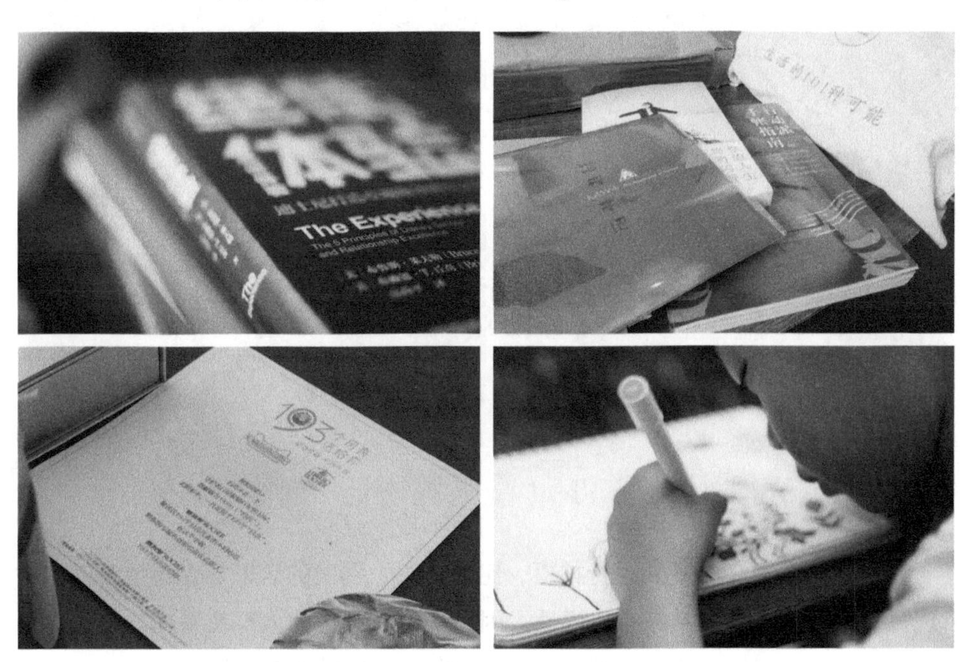

▲ 图 2-24　关于阅读主题的 Vlog 视频

2.5.4 使用技术流手法拍摄 Vlog 视频

有些 Vlog 视频作品会专门强调炫酷的转场、打动人心的文案或者是特别美的视觉效果。如果你是专业技术人员，那么就可以放大这方面的优点，观众会忽略你的故事和其他不足之处，或者降低要求。当然，这个对软件和技术的要求也是比较高的。

图 2-25 所示，视频中应用了转场特效，使画面更加炫丽，更能吸引观众的眼球。

▲ 图 2-25 应用了转场特效的视频

2.6 如何克服街头拍 Vlog 视频的尴尬

Vlog 视频常常会在室外进行拍摄，比如街头、别人的店里等，这个时候常常出现视频尴尬症，你会不好意思说话，因为一说话旁边的人都在看你。那么这个时候，我们应该如何避免这种尴尬呢？下面向大家提供 3 个建议。

2.6.1 换位思考法

你有没有曾经在街上看到某个人在拍 Vlog 视频？或者看到某个人在大马路上表演？图 2–26 所示，就是在街头拍摄的 Vlog 画面。

▲ 图 2–26　街头拍摄的 Vlog 画面

当看到这样的情景时，想象一下，当时你看他的时候，心情是怎样的？我想大部分人都会有两种心态：一是觉得对方好勇敢，这事我不敢做，而他却做到了，然后该欣赏的欣赏，该打赏的打赏；还有一种就是看看就算了，没那么多想法。

你看，其实有时候是我们自己想多了，我们拍摄 Vlog 视频的时候，大部分的人都是善意的眼光，要么就是完全不在乎你，因为你只是一个陌生人而已。所以，当我们有了这样的换位思考后，再在公众场合拍 Vlog 视频的心态是不是就放开很多了？

2.6.2 多拍多看法

当我们第一次出镜时，面对镜头的时候难免会觉得怪怪的，这时候你要努力让自己适应，并长期坚持掌握这种多拍多看的方法。

顾名思义，多拍多看就是我们要练习在镜头前表达想说的话，然后录下来，再回看自己当时说话时的表情、语气。刚开始的时候你可能会觉得别扭，没关系，记住你的感觉。下一次再拍的时候，就要稍微调整一下，然后再看自己的表现。

如此反复多次，你会建立一种“镜头感”，这种感觉会成为你每次拍摄的条件反射。这时候再面对室外镜头，你就会变得轻松自然很多。图 2-27 所示，是我出镜的 Vlog 视频画面，练习多了状态也就自然了。

▲ 图 2-27 我出镜的 Vlog 视频画面

2.6.3 脚本先行法

在开始拍摄之前，你需要想好这一集的 Vlog 视频大致要拍什么样的风格，及要讲一个什么样的故事；然后写个简单的脚本，大概要说什么话，提前准备好。这样就可以在心态上更加有信心和勇气，不至于张口的时候不知道要说什么。脚本先行法，可以减少你的焦虑感。

第3章
设备——如何搞定Vlog器材

3.1 Vlog 器材大解密

有很多小伙伴问我：现在大家都在拍视频，我也学过很多理论知识，现在我也想开始拍 Vlog 视频，但就是不知道该买什么样的器材。其实，看看那些“1000 多万”的爆款、“100 多万”粉丝的大 V，他们都是先从拍好一个小小的短视频开始的，工欲善其事，必先利其器。下面，我就为大家分享一些大 V 们都在用的拍摄神器。

3.1.1 哪些手机适合拍摄 Vlog

对于绝大多数新手来说，拍短视频其实只要一部手机就足够了。近两年的手机在摄影摄像上的设计，已远远可以满足我们的视频拍摄需求。

手机轻巧、方便，每个人都有，想拍就可以拍，可以说是新手最佳的拍摄工具。而且，手机中有很多专业的拍摄功能，能满足很多视频的技巧展示。并且在拍摄完成后，后期剪辑时用手机导入也是很轻松的事。

下面介绍几款适合拍摄 Vlog 视频的手机，如华为、vivo 以及苹果手机等。

1. 华为手机

华为 P40 手机的拍摄功能十分强大，知名度也比较高，好评率在国内也是数一数二的，一直被认为是手机里面拍照最好的工具之一，如图 3-1 所示。

▲ 图 3-1　华为 P40 手机

华为手机的质量很好，电池的续航能力很强，其中内置的拍摄功能也十分强大，我推荐这款手机的原因主要有以下几点：

第一，后置徕卡三摄，分别是 5000 万像素超感知摄像头、1600 万像素超广角摄像头、800 万像素长焦摄像头。

第二，超感知摄像头使用了感光面积更大的传感器，拍摄到的画面清晰度更高，色彩更加丰富。

第三，超感知摄像头使用了 RYYB 超感光滤镜阵列，能够实现超感光的效果，感光度最大为 204800。

第四，长焦摄像头等效焦段为 80mm，3 倍光学变焦（近似值）。

第五，通过不同摄像头的组合，能实现各种环境下出色的 5 倍混合变焦效果。

2. vivo 手机

说到拍摄 Vlog 视频，vivo 手机的口碑也非常不错，尤其 vivo S6 的拍摄功能非常强大，该手机于 2020 年 3 月 31 日正式发布，4800 万像素全场景四摄，不管是拍摄照片还是视频，画面都非常清晰，如图 3–2 所示。

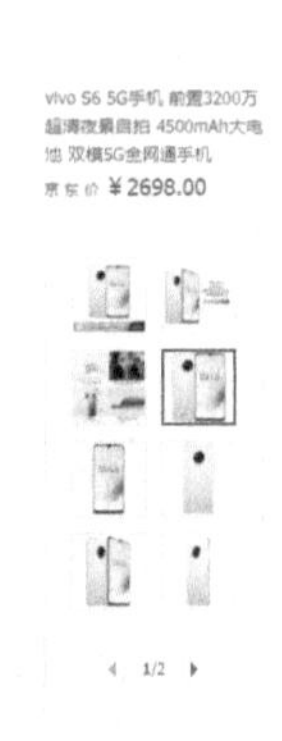

▲ 图 3–2　vivo S6 手机

我推荐 vivo S6 手机的原因主要有以下几点：

第一，4800 万像素超级四摄功能，可以拍出高级质感大片。

第二，前置 3200 万超清夜景自拍功能，能拍出通透的好皮肤。

第三，前后置视频防抖，使拍摄的视频画面更加清晰。

第四，NSA 和 SA 双模 5G 速度，在网络中分享照片或视频，上传速度很快。

第五，4500mAh 大电池，使手机的续航能力更持久。

3. 苹果手机

使用苹果手机的用户还是比较多的，这基于苹果手机强大的性能和处理速度。苹果 iPhone 11 的前后双摄像头，能拍摄广角、超广角的照片和视频，在暗光下也能拍出出色的画面亮度和纯净度，支持 60fps 的帧率拍摄 4K 高清视频。所以，苹果手机也是一个不错的选择。

3.1.2 哪些相机适合拍摄 Vlog

如果你对 Vlog 的画质要求特别高，或者当你用手机拍摄 Vlog 视频一段时间后，有了很多的粉丝，这个时候你对作品的要求更高了。那么，你可以开始购买相机来拍摄 Vlog 视频。主流的相机有微单和单反两种，这里推荐 4 款最常用的拍 Vlog 视频的相机。

1. 佳能 G7X

佳能长期占领着数码相机市场的主要地位，产品的性价比也比较高，而且设计非常人性化、操作方式很简单以及成像质量优异，深受用户青睐。目前，我推荐的这款佳能 G7X 的价格在 4000 元左右，它的优点有以下几个：

第一，自带美颜功能，很适合做美妆的博主，拍摄出来的画面极具美感。

第二，机身小巧轻便，可随身携带，外出日常拍摄都十分方便。

第三，翻转屏幕，在拍摄时可以看到自己在屏幕上的表现，如图 3-3 所示。

▲ 图 3-3 佳能 G7X

每款产品都有其优点和缺点，佳能 G7X 的缺点就是：拍摄出来的画面偏白，且无法转换镜头，如果你是一位美食博主的话，那么这个色差就不太合适，因为美食适合暖色调。

2. 佳能 6D 系列

佳能 6D 系列是一款专业的拍摄机器，画面很出彩，当然也比较贵，以佳能 6D2 为例来说，它是一款全画幅单反数码相机，所呈现出来的画质不仅能显示精致的细节，还极具视觉冲击力，而且性价比很高，如图 3-4 所示。

下面介绍佳能 6D2 相机的主要参数：

（1）有效像素：约 2620 万；

（2）降噪功能：可用于长时间曝光和高 ISO 感光度拍摄；

（3）对焦点：最多 45 个十字型对焦点；

（4）IOS：100 ~ 40000（ISO 最高可扩展至 102400）；

（5）连拍速度：高速连拍约 6.5 张 / 秒，低速连拍约 3 张 / 秒，静音连拍约 3 张 / 秒；

（6）重量：机身的重量约 685g。

▲ 图 3-4　佳能 6D2

3. 索尼黑卡

索尼黑卡相机的价格在 4000 ~ 5000 元之间，它因黑色小巧的外形设计而得名，具有专业和经典的特点。黑卡相机的机身虽然比较小巧，但它能实现媲美单反相机的高画质影像和背景虚化效果。

黑卡有很多的型号可以选择，色彩很漂亮，大小和佳能 G7X 差不多，外出携带也很方便，但其在人像的美颜功能上，比佳能 G7X 稍差一点点，同样也无法转换镜头，如图 3-5 所示。

▲ 图 3-5　索尼黑卡

4. 索尼 a7r3

索尼微单相比单反的优势是轻巧便携，索尼的微单发展非常快，主要是由于它能够独立开发优秀的感光元件，而且镜头群也在不断完善。索尼微单相机给人的印象就是“实用、易用、好用”，很适合普通的摄影爱好者。

索尼 a7r3 是一款全画幅微单相机，该相机不仅像素高，可以带来卓越的视频画质，而且防噪功能也非常强，这是拍摄照片和视频的一大优势。另外，索尼 a7r3 具有翻折屏幕的功能，很方便查看拍摄的画面效果，如图 3-6 所示。

▲ 图 3-6　索尼 a7r3 全画幅微单相机

下面介绍索尼 a7r3 相机的主要参数：

（1）有效像素：约 4240 万；

（2）对焦点：399 个相位检测自动对焦点，425 个对比检测自动对焦点；

（3）ISO：100 ~ 32000（ISO 最高可扩展至 102400）；

（4）防抖系统：镜头防抖（OSS 镜头）和 5 轴防抖；

（5）最高连拍速度：10 张 / 秒，包含机械快门和电子快门；

（6）电子取景器：约 369 万有效像素，放大倍率约 0.78 倍；

（7）快门速度：1/8000 秒 ~ 30 秒，B 门；

（8）电池使用时间：使用取景器约能拍摄 530 张照片，使用 LCD 约能拍摄 650 张照片。

（9）重量：机身的重量约 572g。

3.2　有哪些加分的配件

要想拍出高质量的 Vlog 视频作品，配件必不可少，比如三脚架、八爪鱼、手持云台、蓝牙控制器、录音设备以及补光灯等，这些都可以为你的 Vlog 视频加分。本节主要针对这些配件进行相关介绍，以帮助大家拍出更好看的 Vlog 视频作品。

3.2.1　稳定器：提升视频画质

为了保证视频拍摄的稳定性，使画面拍出来不会发抖、模糊，这时我们就需要一定的辅助设备来帮助提升视频的画质。这里介绍几个实用的小工具，能帮助大家拍出清晰的 Vlog 视频画面。

1. 相机三脚架

三脚架的作用是稳定画面，用三脚架来固定相机，可以使画质清晰，避免用手持相机的方式拍摄出的视频因为手的抖动而导致画质模糊的情况。特别是在暗光的环境下，三脚架能够为相机增加稳定性，从而帮助相机以较低的 ISO 值获得好的画质效果。

现在市面上的三脚架类型主要分为旋转式和扳扣式两种，它们各有其特点。

（1）旋转式三脚架：通过旋转的方式打开和固定脚架，打开的时候有点麻烦，架起三脚架的速度相对扳扣式来说也比较慢，但是稳定性比较好，如图 3-7 所示。

（2）扳扣式三脚架：通过扳扣的方式打开和固定脚架，打开的速度比旋转式三脚架要快，但其稳定性没有旋转式的好，如图 3-8 所示。根据我个人的使用经验，旋转式三脚架更专业、可靠。

▲ 图 3-7　旋转式三脚架

▲ 图 3-8　扳扣式三脚架

在三脚架的云台部分，通常与支架通过套装的形式一起销售，但大家仍然需要留意云台的一些参数。云台的参数主要包括球体尺寸、云台高度、底座直径、自重、承重等。这些参数总体上只要与支架相匹配即可，但球体尺寸建议不要选择得过小。

在云台参数中，有些不常出现却对拍摄非常重要的参数，就是云台上旋钮的尺寸，如果旋钮尺寸过小，既不便于操作，又不利于相机的固定。此外，还要留意快装板的类型，如果你计划采购多个云台或新的云台，那么就要尽量保证快装板的类型相同，以增加快装板在多个云台上的通用性。

2. 手机三脚架

如果需要把手机固定在某个位置拍摄 Vlog 视频，当然也需要三脚架来稳定画面。手机所使用的三脚架比相机的三脚架要轻，因为手机远没有相机重。在三脚架的顶端会有一个专门用来夹住手机的支架，将手机架起。手机三脚架的样式如图 3-9 所示。

▲ 图 3-9　手机三脚架

☆专家提醒☆

手机三脚架主要起到稳定手机的作用，所以脚架必须结实。但是，由于其经常需要被携带，所以又需要满足轻便快捷、随身携带的特点。

3. 八爪鱼

八爪鱼也是很多博主推荐使用的，不仅质量不错，外出携带也很方便，而且八爪鱼很灵活，可以放在任何地方，淘宝上几十块钱就能买到，如图 3-10 所示。

▲ 图 3-10　八爪鱼

三脚架的优点一是稳，二是能伸缩，但其也有缺点，就是摆放时对地面平整性的需求较高，而八爪鱼刚好能弥补三脚架的缺点，因为它有“妖性”，能够爬杆、上树，还能倒挂金钩，实用性非常强。

4. 手持云台

当下的视频拍摄新宠工具就是手持云台了，其是将云台的自动稳定系统放置在手机视频拍摄上来，能自动根据视频拍摄者移动的角度来调整手机方向，使手机一直保持在一个平稳的状态。手持云台的最大优点是，无论视频拍摄者在拍摄期间如何移动，它都能保证手机视频拍摄的稳定性。

手持云台一般来说重量较轻，女生也能轻松驾驭，且续航时间也很乐观，还有自动追踪和蓝牙功能，即拍即传。智云稳定器连接手机之后，无须在手机上操作也能实现自动变焦、对焦和视频滤镜切换等功能。对于手机视频拍摄者来说，智云手持云台是一个不错的拍摄辅助工具，如图 3–11 所示。

▲ 图 3-11　智云手持云台

5. 蓝牙控制器

蓝牙控制器是一种远程拍摄神器，通过无线蓝牙来控制手机的相机功能，这样可以真正地解放双手，把手机直接固定在某个地方，等拍摄完成后，按下结束键即可。图 3–12 所示，为手机的蓝牙控制器。

▲ 图 3-12　手机的蓝牙控制器

3.2.2　录音设备：保证音质清晰

常用的录音设备是麦克风，它的主要作用是使声音效果听起来更好。下面讲解一下什么情况下会使用到麦克风，一般选择什么样的麦克风比较合适。

拍摄 Vlog 视频的时候，一般都需要录到说话的声音，但是手机或相机自带的录音口会把现场声音也同时录进去，无论是你想要的或者不想要的。这个时候，我们自己说话的录音就会出现很多杂音。

有时候拍摄的机器离人较远，或者在热闹的室外场景中拍摄时，杂音几乎会盖过正式说话的声音，录出来的声音断断续续或者音质嘈杂，从而导致观众听起来很难受，直接降低了视频的整体质量。

短视频是视听语言的艺术，听觉（就是声音的品质）就占了一半。所以，我们常常会配备额外的麦克风来提升录音的品质。那麦克风的选择有哪些讲究呢？

如果是手机拍摄，那可以买一个简单的手机直插专用小话筒，携带很方便，体积也小巧，如图 3-13 所示；如果是相机拍摄，那可以买一个相机专用的指向性话筒，直接装在相机头上，也会减少在室外拍摄时的杂音，让声音更清晰。

▲ 图 3-13　适合手机拍摄的麦克风

还有一种小蜜蜂麦克风，适合用在有人物对话的情景中，能很好地收音，装在相机上，发射信号口夹在衣领口，效果特别好。

3.2.3　补光灯：用于画面补光

如果拍摄的现场光线不足，就需要使用补光灯，网上卖的补光灯类型繁多，大家可以根据拍摄的视频类型自行选择，因为录像与直播对灯光的要求不同。图 3-14 所示，为拍摄现场使用补光灯来补光的效果。

▲ 图 3-14　拍摄现场使用补光灯来补光的效果

3.3　手机隐藏的视频拍摄功能

手机是我们使用频率最高的拍摄工具，因为随身携带，所以很方便及时拍摄各种 Vlog 视频。使用手机拍摄 Vlog 视频之前，需要先掌握手机隐藏的一些视频拍摄功能，以将手机的作用发挥到极致。本节主要以华为手机为例，向大家进行讲解。

3.3.1　使用手机的变焦功能拍摄

变焦是指通过调整镜头的焦距，改变手机的拍摄距离，也就是通常所说的把被摄物体拉近或者推远。下面介绍具体的操作方法。

步骤 01 在手机中打开相机的录像功能，在画面中间位置点击屏幕进行对焦，此时屏幕中出现一个圆圈，表示对焦成功，如图 3-15 所示。

步骤 02 在圆圈的右侧，向上滑动屏幕，使用手机的变焦功能来拉近画面，使主体更加明显，如图 3-16 所示。接下来，按界面下方的红色录制键，即可开始拍摄视频。

▲ 图 3-15　对画面进行对焦

▲ 图 3-16　使用变焦功能拉近画面

3.3.2　使用慢动作功能拍摄

慢动作功能主要用于视频的录制，可以拍摄出许多肉眼无法看到的景象，比如奔跑效果、人物转圈效果、人物脸上神态的变化等这些细微的画面。慢动作功能的拍摄模式有 3 种，即 4 倍慢速、8 倍慢速以及 32 倍慢速，大家可以根据拍摄需求自行选择。

具体操作：在相机中打开“更多”界面，点击“慢动作”图标，即可进入“慢动作”拍摄界面，如图 3-17 所示。

▲ 图 3-17　“慢动作”拍摄界面

3.3.3　使用延时摄影功能拍摄

延时摄影也叫缩时摄影，顾名思义就是能够将时间压缩。延时摄影能够将几个小时、几天、几个月甚至是几年里拍摄的视频，通过串联或者抽掉帧数的方式压缩到很短的时间播放，从而呈现出一种视觉上的震撼感。

在相机中打开“更多”界面，点击“延时摄影”图标，进入“延时摄影”界面，按下拍摄键即可拍摄延时视频，拍摄完成，按下结束键即可。下面是我在高速公路上拍摄的一段延时摄影作品，如图 3-18 所示。

▲ 图 3-18　延时摄影作品

第4章 题材——Vlog的选题与策划

4.1 Vlog 脚本怎么写

我们拍摄 Vlog 的时候常常不知道如何下手，拍出来的画面也很琐碎，没有亮点，这是因为我们缺少了脚本思维。本节主要向大家介绍什么是脚本、脚本有哪些作用以及脚本的分类等，希望大家熟练掌握本节知识内容。

4.1.1 什么是脚本

脚本是拍摄前对视频的规划，包含分镜头、故事线、文案等。对短视频来说，故事性一定要强，这样拍摄出来的画面才能吸引观众的注意力。我们需要把用镜头表现的画面先用文字做个整体规划。当然，脚本除了写文字以外，很多人也习惯于手绘，这些都属于脚本的范畴。图 4-1 为手绘的脚本效果。

▲ 图 4-1　手绘的脚本效果

4.1.2 脚本有哪些作用

拍摄 Vlog 之前，要先写好脚本，那脚本对于拍摄有哪些作用呢？我认为至少有两个作用：第一，提高拍摄的效率；第二，提高团队合作的效率。下面进行相关讲解。

1. 提高拍摄的效率

我们在拍摄之前，如果写了脚本，那么在拍摄中就会胸有成竹，因为只需要对标入座，这样可以大大提高拍摄的效率，也不会出现拿着机器不知道拍什么的状况。拍摄过程全部按事先设计的脚本走，也不会出现一些废镜头或者多余的镜头，这样可以保证拍摄的画面都是与主题相关的，不会跑题。

演员在拍摄电视剧或者电影之前，都会先拿到剧本，这里的剧本跟脚本的意思差不多，先看看整个故事的走向，自己也好提前练习，以免拍摄的时候手足无措。

2. 提高团队合作的效率

有了拍摄的脚本，可以大大降低团队各人员之间的沟通成本，也能帮助创作者最大限度地保留创作初衷，避免在拍摄过程中人人都参与指挥，最后不知道应该听谁的，从而影响拍摄的进度。

4.1.3 脚本的写作思维

Vlog 脚本应该怎么写？我总结了一个脚本思维 7 步走的方法，大家按照以下 7 个步骤和框架来写 Vlog 脚本，就比较容易了。

1. 确定主题

确定主题跟定位差不多，在前面第 1 章的内容中就介绍过 Vlog 视频的定位。你一定要想好今天准备拍什么，这个主题一定要确定，比如美食、做菜、上班、种菜、跳舞等，确定了主题方向就等于确定了故事线，这个很重要。

千万不能拿着手机随便拍，这样拍摄出来的视频既无故事感，又没主题，而且整个画面还显得杂乱，是做不出优质 Vlog 作品的。

2. 大量找素材

当我们确定要拍摄的主题之后，接下来就要找大量的素材。因为我们是新手，脑袋里面没有准确的概念，所以要先去网上找、搜同类的 Vlog 视频，先看看别人是怎么拍的。我在第 2 章的 2.2 节已经详细介绍过搜索素材的方法，大家可以仔细看看。

当我们找到相关的视频素材后，我们要看这个视频的哪个画面最打动我们，哪个画面最让我们有视觉冲击力，这些关键的信息一定要记录下来。包括你在看别人视频的时候，脑袋里突然出现的一些灵感，也要及时记录下来，以免实际拍摄的时候忘记了。

在看别人视频的时候，还要注意别人是横屏拍的还是竖屏拍的，而我准备横屏拍还是竖屏拍，这些都要事先规划好。图 4–2 为横屏与竖屏的画面对比效果。

▲ 图 4–2　横屏与竖屏的画面对比效果

3. 确定故事的核心

在拍摄之前你需要想一下，你拍这段 Vlog 视频要表达的故事核心是什么，不能一段视频播完了，观众还不知道你要表达什么意思，这样就没有故事的核心，不够吸引人。

4. 确定拍摄机器

在拍摄之前，我们需要确定准备用哪些机器来拍摄，是使用手机拍还是相机拍？要不要三脚架？要不要稳定器？这些拍摄器材都是需要提前确定的，以免到时候手忙脚乱。特别是在室外拍摄时，如果忘记带器材，再返回来取是很浪费时间的。

5. 确定拍摄场地

确定了拍摄主题与拍摄机器之后，接下来需要确定拍摄场地，是在室内拍还是室外拍？是在家里拍还是公司拍？是在街上拍还是体育馆拍？图 4–3 的拍摄场地就选在一家高档的中西餐厅。

6. 确定拍摄顺序

接下来需要确定拍摄的顺序，比如按时间顺序来拍摄，那么是从早上拍到晚上，还是从春天拍到秋天；或者按故事发展的顺序来拍摄；或者按故事的前因后果来拍摄等，提前确定好拍摄的顺序。

▲ 图 4-3 拍摄场地选在一家高档的中西餐厅

7. 确定道具、演员和发布平台

最后，需要确定道具、演员和发布平台等信息。在拍摄的时候，我们需要哪些道具，需要哪些演员来拍摄，以及视频拍摄完成之后，准备发布到哪些平台上去，这些都是需要我们考虑的。

4.1.4 Vlog 脚本的分类

在拍摄 Vlog 的过程中，我们的脚本思维应该始终贯穿其中，大致可以把 Vlog 分成 3 大类:生活记录类、展示分享类以及主题创作类，下面进行相关分析。

1. 生活记录类

生活记录类的 Vlog 因为会记录日常的细节，所以很多时候预先准备脚本会比别的类型更难一些，有时候拍摄者还会在剪辑时边整理边想故事线索。

生活记录类的 Vlog 涵盖面也比较广，包括日常、旅行、婚礼、看展、听音乐会等，此类的占比很大。

一般情况下，我们会想好一些必拍的镜头。比如，旅行的时候会写好必去哪些景点，哪些特别的场景可以用特别的镜头来表现（如标志性地标、旅行中的飞机元素等）；比如，有没有在每个视频中你都会做的标志性动作或仪式感的标语等；比如，两个镜头或场景之间切换的小镜头如何衔接等，这些都可以事先规划好。

2. 展示分享类

这一类 Vlog 视频常常会围绕一件事来展开具体的讲解，如开箱评测、手工 DIY、某个主题的讲解等。这个主题我们往往喜欢一镜到底展示整个过程，但常常没办法让人坚持看完整个视频，因为画面过于枯燥。所以，在这个类别中，你就需要把所有的动作拆解，特别是关键性动作，用不同的镜头来表达、穿插，这会让画面更有吸引力。

3. 主题创作类

主题创作类包含研究各种行为、自制脱口秀等，类似一个综艺节目，对创作者的要求较高，你就要写一个类似于剧本一样的脚本，还需要准备很多素材去匹配你的内容表达，比如国内视频博主“毒角 SHOW”的 Vlog 栏目就很有趣，个人特色也很浓。

4.2 Vlog 视频文案怎么写

制作 Vlog 短视频时，文案是很重要的一个部分，但是很多小伙伴都感觉视频文案很难写。下面就来聊一聊，如何写出一份受欢迎的视频文案。

4.2.1 确定视频的风格

一般来说，科普类的短视频由于本身的严肃性和专业性，要想受众广，最好搭配一些轻松活泼的语言在视频文案中。

受众是很重要的影响因素，如果你是给小朋友看的视频，语言就要显得可爱一点、形象一点。所以，在写文案之前，你需要确定视频的受众，大概是给一群什么样的人看，比如宝妈、孩子或者是老人？然后，需要确定视频的类型，是搞笑的、严肃的、可爱的还是煽情的？

图 4-4 是我录的一段元宵节做汤圆的 Vlog 视频，宝妈是这段视频最大的受众群体，因此文案的画风显得比较可爱，让人看着比较轻松。

▲ 图 4-4　一段元宵节做汤圆的 Vlog 视频

4.2.2　查资料、蹭热点

确定视频的风格之后，我们就需要上网查阅各种资料，包括蹭热点、找新闻、翻典故、学名言、收集网络语言等。这一步很重要，当你收集到很多的信息之后，就需要整理这些信息，并进行分类，清楚哪些可以用在关键之处，哪些不太适合眼前的作品等。

图 4-5 所示，就是在百度中搜索到的相关文案信息，大家可以借鉴。

▲ 图 4-5　在百度中搜索到的相关文案信息

4.2.3 扣细节、写开头

视频的开头很重要，决定了大家对你的视频是否有继续看下去的兴趣。开头的内容一定要紧扣视频的细节与主题。一般情况下，有以下 4 种开头的方式：

第一，以第一人称介绍开头。比如：大家好，我是××，今天和大家一起……

第二，以社会背景介绍开头。比如：在疫情期间……

第三，以环境场景介绍开头。比如：这里是 ×××，欢迎大家来到……

第四，以时间介绍开头。比如：今天是 2020 年的第一天，或者 2020 年的元宵节……

图 4-6 所示，就是以第一人称介绍来开头的视频。

▲ 图 4-6 以第一人称介绍来开头的视频文案

文案要有画面感，还要懂得如何去匹配你的画面，以及在配音的时候需要用到的语气，比如用男声还是女声，语速是快还是慢，用活泼、深情还是搞怪的语气等。

4.3 视频的长度到底多久最好

经常有学员问我：vivi 老师，听说视频的时间越短越好，是这样吗？其实，这是因为平台对完播率的要求，就是打开一个视频看完的概率。如果视频很短，大家还没反应过来的时候就已经结束了，这样会大大提升你的完播率，也很容易被评为优质的短视频内容。

抖音的 15 秒视频最早就是这样来的，用 15 秒说清楚一件事、传达一个观点，简洁到位。15 秒视频之外，当然还有其他时长的，比如 30 秒、30 秒 ~ 1 分钟、1 ~ 3 分钟、3 ~ 5 分钟、5 ~ 10 分钟、10 分钟以上这种的。

根据时长不一样，所承载的内容也会不一样。比如，跳舞的基本在 15 秒 ~ 30 秒就可以呈现得很好，故事类的就需要 1 分钟左右。Vlog 视频到底多久最好，除了和内容有关系，还和平台有关系。

比如在 B 站，有些 Vlog 博主展示自己的日常生活时，也有 10 ~ 30 分钟的。图 4-7 是我在微博发布的料理笔记 Vlog 视频，时长在 1 分 37 秒。视频时间短一点，观众的完播率会高一点，所以不建议制作的 Vlog 时间太长。

▲ 图 4-7　时长在 1 分 37 秒的美食 Vlog

4.4　如何拍朋友圈 15 秒吸睛短片

我们说起短视频就会想到抖音、快手这些专业的视频平台，但往往忽略了朋友圈这个私域流量池。其实在朋友圈里发视频，很容易和你的粉丝建立更深的信任感，展示性也更强。微信朋友圈支持最长 15 秒的短视频，下面我们来学习一下，如何快速制作出一个吸睛的 15 秒朋友圈短视频的方法。

4.4.1　确定视频的主题

在拍摄之前，我们要想一想：你为什么要发这个视频？你想表达什么样的情绪？是悲伤，幸福，还是猎奇？

想好了这些关键词之后，就可以开始去其他短视频平台搜索相关的内容。比如，我想表达今天野餐很幸福，那就去找一下那些野餐视频的镜头拍法，可以用来借鉴。

最快的方法就是直接模仿拍摄，因为你的设备、环境、人物都和原来的完全不同，所以即使模仿，也有你自己的特色。我们还可以进行二次创作，比如你看到一个拿着一筐橘子的镜头，这个时候你可以换成拿着一篮草莓等。

4.4.2　注意视频的细节

15 秒的视频因为时间很短，所以我们只需要展示 3–5 个镜头即可，内容切忌庞杂，但是在准备素材的时候，宁可多拍一些，这样我们可以有更多选择的余地。

这里要提醒一点，无论你拍什么样的内容，一定要保证画面的干净，取景是很重要的，如果环境很美，那你怎么拍都会很好看。拍摄的时候，可以俯拍、仰拍或者用前景挡一点点，都是一些让你的画面干净起来的小技巧，画面中出现的任何人、物品都需要符合你想表达的主题。

图 4–8 所示，我拍摄的这个 Vlog 画面，就是用了一定的前景来做遮挡，并虚化了前景效果，使主体人物更加突出、显眼，整个画面也更加干净、简洁。

▲ 图 4–8　前景虚化效果

4.4.3　建立拍摄的思路

当我们不知道要拍什么的时候，可以用下面这两种方法来拓展拍摄思路：

（1）造句法：找一篇喜欢的文案，根据文字内容去找拍摄的画面；或者找一段喜欢的音乐，然后去收集素材。

（2）一镜到底：用手机拍一个移动的画面，注意画面要有新鲜感，并保持画面的干净。当然，在拍摄的过程中，我们还要注意光线的变化，手机拍摄最怕光线不好，我建议大家在大晴天拍摄，这样会让你的视频增色不少。

图 4–9 所示的就是在晴天拍摄的 Vlog 视频截图，画面的光线和亮度都非常好。

▲ 图 4-9 晴天拍摄的 Vlog 视频

4.5 如何把无聊的生活拍成有趣的 Vlog

Vlog 是记录生活的一种小视频，但是大多数人的生活就很普通，都是从早上起床刷牙，到上班、下班、吃饭、睡觉等。

其实，很多视频博主的生活本质上也是很无聊的，他们和我们一样，一天下来也没做多少事情，那为什么我们还是很喜欢看他们的 Vlog 视频，还会觉得他们的日常还蛮有意思的呢?

今天我就来给大家回答一下：如何把无聊的生活拍成有趣的 Vlog？

4.5.1 固定镜头

无论你是用手机还是相机来拍摄 Vlog，可以把它放在某处固定起来，然后再开始拍自己的生活录像，就像有个人在拍你，而不是自己手持手机拍出的第一视角，这样固定镜头拍摄出来的画面比较有吸引力。

图 4-10 就是使用固定镜头拍摄出来的日常 Vlog 视频画面，这是我录的一期读书分享会视频。

▲ 图 4-10　使用固定镜头拍摄出来的日常 Vlog 视频

4.5.2　做作一点

“做作”一般表示贬义，但是在录 Vlog 的时候，如果你希望视频画面更细腻、更有趣、更有吸引力，就一定要“做作一点”。

比如，刷牙这个简单的动作，在现实生活中就是一个一气呵成的系列动作，但如果是拍摄 Vlog 的话，那你就要拆分这件事：拧门把手、进门、拿起牙膏、端起杯子、挤牙膏、开水龙头、接水、拿起杯子、放在嘴边、吸一小口、漱口、吐水……

你看，一个简单的刷牙动作，却可以分成那么多步，每一步都可以是一个镜头，有时候有些动作已经做过了，可还是会为了效果，重复地拍上好几遍。

又比如，把手机或相机放在室内拍摄，再假装开门，从冰箱里取物等，剪辑的时候把素材连在一起，就会变得很有意思了。重点在于，一个简单的动作、一件你正在做的事、一些你想说的话，你都要想方法去把它表达出来。

图 4-11 所示，这个 Vlog 就是一个做早餐、吃早餐的视频，从烤面包、倒牛奶、抹番茄酱，到最后咬一口，每一个动作之间都很连贯，很吸引观众的眼球。

▲ 图 4-11　做早餐、吃早餐的视频

4.5.3　加入故事性

在拍摄 Vlog 视频之前，你需要提前想好这条视频的主线，就是这一集 Vlog 你最想表达的核心内容，是你很累？还是你的三餐很丰盛？还是你带娃超满足的一天？把这个点拍到极致，那么你的故事就很打动人了。

图 4-12 就是我带娃超满足的一天，记录了宝贝一天的故事，这就是我想要表达的核心内容，宝贝从吃早餐到玩耍，每一个细节都很打动人。在每一个妈妈的眼里，自己家的宝贝是最可爱、最帅气、最贴心的，也是自己心里的最爱。

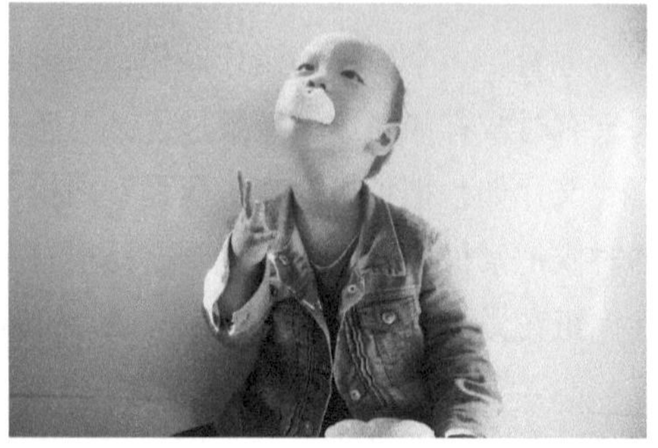

▲ 图 4-12　带娃超满足的一天

4.5.4　坚持

对于很多人来说，“坚持”两个字很难做到，其实作为一个视频博主，记录每天的生活是自然而然的事情，时刻拿起你的机器，每天拍一点素材，保持更新的频率，一定会让你走得更远，吸引到更多同频的人，获得更多的粉丝与流量。

第5章 吸睛——如何做好Vlog定位

5.1 如何取好账号的名字

新手开始在网络上发布 Vlog 视频时，一个好名字是很重要的事。常常有学员问我：什么样的名字是好名字呢？在说好名字之前，我们先来说一说什么是坏名字。我总结了 3 种千万别起的坏名字：

第一，含有生、冷僻字；

第二，含有复杂的英文单词组合；

第三，用表情包当名字。

网络是一个江湖，在网络上你的内容会被很多人看到，如果未来有较多流量，那么你的视频会被大量地传播和分享。你可以想象一下，当你的粉丝看到一个超好看的 Vlog，想推荐给他的好朋友时，他会说什么？

一般情况下，都会这样说：“小雨，我最近看到一个超喜欢的博主，她发布的视频很有意思，你快去关注一下她吧。”这个时候，这位朋友被勾起了兴趣，睁大眼睛说：“好啊好啊，她叫什么？我立马去关注。”“她叫……”

这个时候，如果你的账号有生、冷僻字，她很可能连字都打不出来；如果你的账号是很复杂的英文名，她肯定打了两个字母就烦了；如果你的账号是个表情包，她找遍手机可能也找不出来。那么，在这几秒钟之内，你可能就失去了一个潜在用户。想想，这是多么可惜的一件事，因为你的名字，白白损失了很多的流量。

那什么样的名字才是好名字呢？我认为至少要符合两点要求，一是要通俗易懂、易传播，二是要符合自身的定位，本节对这两点进行相关介绍。

5.1.1 通俗易懂、易传播

在视频圈里，拥有一个通俗易懂、得体又很有特色的账号昵称是非常重要的。对普通人来说，可能这个昵称无关紧要，只要自己高兴便好，但对于想打造 IP 品牌的 Vlog 博主来说，就要仔细斟酌、再三考虑。

因为每个视频博主都有着自己的目标，要给粉丝呈现出独特的理念才行。因此，视频博主的昵称一定要有很高的识别度，总体要考虑易记、易传播的特点。视频博主昵称的取法，这里给大家总结常见的 3 种类型：

- 真实取名：直接用自己的姓名，或者企业名称来命名。
- 虚拟取法：可以选用一个艺名、笔名、网名等，但切记不要老换名称。
- 英文取法：一定要用最简单的英文，不能太复杂，比如我的微博名称 vivi，通俗易懂又好记，这样才易于传播。

比如，薇娅、德子、李佳琦、李子柒、papi 酱等，他们都是用艺名来设置的账号昵称，这些名字叫起来都轻轻松松，好像隔壁邻居一样的亲切，而且一搜就可以搜到。

很多网红或者名人，他们的原名都不叫这个名字，只是为工作取的名字。

5.1.2 要符合自身的定位

在我的 Vlog 视频训练营里，"找到符合你的定位"是很重要的一部分，只有知道自己的定位是什么，后续的拍摄、剪辑、发布才有方向，避免很多白花的时间和精力，大大提高你制作 Vlog 的效率，加快获得更多流量的过程。

起名字就需要符合你的定位，比如摄影师燕子、美食家王刚、育儿嫂琳姐、儿科医生雨滴，一看这些名字就知道他们是干什么的，增加了权威感和专业度，这样很容易吸引对这个领域感兴趣的精准粉丝。如图 5-1 所示，一看就知道这个账号是专门做旅游摄影的，那么对旅游摄影比较感兴趣的人就会关注他。

▲ 图 5-1 旅游摄影师天浩的微博账户昵称

5.2 什么样的头像吸引人

现在的年轻人讲究潮流和时尚，因此视频博主要想打造出自己的品牌 IP，首先要做好账号的个性化设计，如账号头像、昵称以及个性签名等，搞定网络这个营销阵地。

说到头像，一般人都会认为它是一个非常重要的标志，特别是那些想打造自己影响力的 Vlog 博主，人们搜索账号的时候，其结果显示的就是头像与名称，而头像作为以图片形式呈现给用户的账号标志，能带给粉丝巨大的视觉冲击，达到文字所不能实现的效果。这一张小小的头像图片，却隐藏着巨大的价值。本节主要向读者介绍哪一类头像比较吸引人。

5.2.1 这三类照片用得最多

以微博、微信账号为例，在我的圈子里，有几千个朋友，我对他们的头像进行了分析和总结，普通人的头像中两种图片最多：一是自己的人像照片，有的人会用生活照，有的人会用艺术照；二是风景照片。

但是侧重品牌打造的人，特别是一些知名的 Vlog 博主或者网络红人，他们即使用人物照片，技巧也更上一层楼，下面这三类照片用得最多：

第一，自己非常有专业范的照片；

第二，自己喜欢的卡通头像、动漫头像；

第三，自己在重要、公众场合上的照片。

比如，薇娅的微博头像，就是用的自己非常有专业范的照片，很有女星的感觉；而国内有名的 Vlog 博主，如竹子、井越等，他们的头像都是用的卡通动漫头像。

图 5-2 为竹子的微博主页，她的微博大家一定要去看一看，她是一位知名的 Vlog 博主，每一条 Vlog 的转发、点赞、评论量都很高，她活出了每个女孩理想中的样子，是一个内心非常有趣、坚定的女孩。

▲ 图 5-2　竹子的微博主页

5.2.2 根据定位来设置头像

不同的头像，可以传递给人不同的信息，注重品牌打造的朋友，建议根据自己的定位来设置头像，可以从几个方面着手，下面以案例的方式进行介绍，如图 5-3 所示。

▲ 图 5-3 朋友圈的头像设置的案例

大家参照以上方法，可以将头像换成对自己品牌打造最为有利的各种图像。但切记，一定要让对方感到真实、有安全感，这样对方才会更加信赖、喜欢自己，对于品牌的宣传、推广和引流也更加有利。

5.3 什么样的 Vlog 标题吸引人

我们要想制作出爆款 Vlog 视频，那么你的封面和标题一定要能抓人眼球，关于封面的设计技巧我们在后面会专门用一章的篇幅来进行讲解，本节主要介绍什么样的 Vlog 标题最吸引人的眼球。

一段 Vlog 最先吸引浏览者的是什么？毋庸置疑是标题，好的标题才能让浏览者点进去看视频的具体内容，才能从浏览者变为读者，让视频变成爆款。因此，拟写视频的标题就显得十分重要。而掌握一些标题的创作技巧也就成了每个视频博主必须要掌握的核心技能。

5.3.1　设置悬念，引人好奇

好奇是人的天性，悬念式标题就是利用人的好奇心来打造的，首先抓住读者的眼球，然后提升读者的阅读兴趣。标题中的悬念是一个诱饵，引导观众观看视频内容，因为通常观众看到标题里有没被解答的疑问和悬念，就会忍不住想进一步弄清楚到底怎么回事，这就是悬念式标题的套路。

悬念式标题是视频制作者经常用到的标题类型之一，其目的在于为视频披上神秘的色彩，激发读者的好奇心，引发读者对于结果的思考。下面这个 Vlog 视频就是使用的悬念式标题类型，播放量达 8 万次，如图 5-4 所示。

▲ 图 5-4　悬念式标题案例

这种类型的标题其实和疑问、反问类标题差不多，标题本身就是一个问题，不直接给出问题的答案，而是将答案留在视频内容中，让读者自己去寻找答案，这就存在一个必然的因果关系：想要知道答案就必须观看视频。

5.3.2　反常标题，揭露真相

有一种反常类的标题也十分吸引观众眼球，如图 5-5 所示。这段 Vlog 的标题是“第一次直播 7 天，失败”，看到这个标题的读者会想，为什么直播 7 天还失败了呢？就会忍不住点进去寻找标题的答案，这一类标题也能激发读者的好奇心。

▲ 图 5-5　反常类标题案例

5.3.3　表述直白，指出菜名

一般来说，如果是美食类的 Vlog 视频，标题上直接指出菜名和食材，能够做到定位非常精准，标题简洁直白。**这样的视频收藏和播放量都比较高，因为这种标题类型的视频内容非常实在，是非常干货的实操方法。视频中详细讲述了美食的制作过程，它能够解决受众的实际需求和问题，是不可多得的好标题。**

我做美食类 Vlog 视频的时候，大多用的都是这种类型的标题，如图 5-6 所示。

▲ 图 5-6　实用干货型标题

5.3.4　善用数字，凸显细节

数字型的标题会让人首先将目光聚焦在数字上，数字能增加标题的辨识度。**其次，带有较大数字符号的标题会让人觉得视频所蕴含的信息量很大，数字能将视频的内容和价值进行具体量化，让人一目了然，激发观众点击获取有价值内容的欲望。**

图 5-7 所示，就是一种带数字的标题——“3 种汤圆 元宵节平安”，表示该 Vlog 视频中有 3 种汤圆的制作方法，喜欢做汤圆的读者就会点击视频查看内容。

▲ 图 5-7　代表数量的数字型标题

上面这个封面中的数字表示数量的多少，还有一种代表时间的数字，如图 5-8 所示，“5 分钟快速入门”对于有需求的读者来说，极具吸引力。

▲ 图 5-8　代表时间的数字型标题

除了上面两种数字型标题以外，还有一种数字代表钱的数量。“钱”在人们的日常生活里扮演着十分重要的角色，是人们生活、工作都离不开的重要组成部分。有关于“钱”的信息一般很容易被人发觉到，这一敏感的字眼不管出现在哪里，都能吸引人们的视线，受到人们的关注。

在封面的标题中，钱越多对人的视觉冲击力就越强，如图 5-9 所示，这个封面就极具诱惑力，让人很有点击播放的欲望，想了解视频的内容。

▲ 图 5-9　代表钱的数字型标题

5.3.5　实用干货，解决问题

专业性的标题实用性会比较强，干货比较多，主要是解决某方面的问题。图 5-10 所示，标题是“相机镜头入门知识大讲解”，这是一个非常专业的领域，能够吸引对相机镜头感兴趣的观众来观看视频。

▲ 图 5-10　实用干货型标题

在标题中嵌入某个方面的专业性词语，可以让文章看起来更加专业，传递专业价值。这种专业性标题能够吸引那些对这方面感兴趣的读者，从而达到精准吸粉的目的，这样得来的观众群能够给账号带来很大的价值，而且这种粉丝的黏性会比其他的粉丝更高。

但是这种专业性的标题相对于其他类型的标题来说，其大众关注度会偏低一点。因为其专业性使得受众范围变小了，但是对于部分 Vlog 博主来说也并不是一件坏事，宁缺毋滥，就是对这种现象最好的解释。

5.4　如何蹭热点，提升 Vlog 流量

我们在创作 Vlog 视频的过程中，有没有注意到一个现象：有时候明明很用心拍的 Vlog 没什么人看，随手一拍的 Vlog 流量却突然增高？

一般情况下，平台推一个视频到流量池，除了运气成分和花钱购买流量之外，基本都是靠真实数据的，就是有多少人真正点开你的视频，点的人越多，系统越会判断你为优质内容，就会把你推到更大的流量池，吸引更多的人来点击观看。

由此循环，出现强者越强的马太效应，知道了这个原理之后，我们就需要考虑，什么内容是大家都喜欢看的呢？我这边提供一个最快的方法：蹭热点。什么叫热点？就是一段时间内大家都在关注的内容，这个时候你发个热点相关的视频内容，就能很快地吸引到“吃瓜群众”，大大提高了流量。

比如国庆节，你可以看到各个平台上的与国庆节相关的话题下，流量都是以亿级来计算的。如果你是美食博主，就可以发：国庆吃什么；如果你是美妆博主，就可以发：国庆出行化什么妆最吸引人；如果你是摄影博主，就可以发：国庆外出怎么拍照才好看等话题，然后加上国庆相关的关键词，你的流量一定比你平时高出很多倍。

2020 年的春节，由于疫情的原因，大家积极响应国家号召，不出门、不串门。因此，我做了一个美食 Vlog 视频，标题就蹭了这个热点，写了“春节出不去？在家做 brunch 啵”，如图 5-11 所示，视频的播放量达到了 27 万次，这就是热点效应。

▲ 图 5-11　蹭热点提升 Vlog 流量的案例

5.5 什么时间发 Vlog 视频最合适

同一个短视频发布到平台上，在不同的时间会出现不同的结果。有时候时间不对，内容即使是精品，也往往没有很多点赞量。所以，专业短视频运营工作者都有一幅运营地图，里面少不了一张发布时间表。今天就来跟大家分享一下，Vlog 的最佳发布时间。

1. 早上 7:00–9:00 点

早上 7:00–9:00 的时间段，正好是大家起床、吃早餐的时候，有的人正在上班的路上、公交车上，这个时候大家都喜欢拿起手机刷刷朋友圈、刷刷微博和新闻。而这个时候，博主们可以发一些关于正能量的视频内容，给大家传递一种正能量，让大家一天的好心情从阳光心态开始，这样最容易让人记住你。

2. 中午 12:00–13:00 点

中午 12:00–13:00 的时间段，正是大家吃饭、休闲的时间，上午上了半天班，有些辛苦，这个时候大家都想看一些放松、搞笑、具有趣味性的内容，为枯燥的工作时间添加几许轻松色彩。所以，这个时候博主们可以发一些趣味性的内容，也能引起大家的关注，让大家记住你、记住你的特色和产品，如图 5–12 所示。

▲ 图 5–12 一些趣味性的内容

3. 下午 17:00–18:00 点

下午 17:00–18:00 的时间段，正是大家下班的高峰期，这个时候大家可能正在车上、回家的路上，刷手机的人也特别多，一天的工作疲惫心情需要通过手机来排减压力。此时，Vlog 博主们可以抓住这个时间段，来给产品好好做做宣传，可以发布一些产品的反馈，以及产品成交的视频信息等，如图 5-13 所示。

▲ 图 5-13　给产品好好做做宣传

4. 晚上 20:00–22:00 点

晚上 20:00–22:00 的时间段，这个时候大家都吃完饭了，有的躺在沙发上看电视，有的躺在床上休息，这个时候大家的心灵是比较恬静的，睡前刷朋友圈已经成了年轻人的生活习惯。所以，大量的信息、课程在这个时间集中爆发，这是一个流量很大的时间点，Vlog 博主们要把握好。

其实，无论什么时间段，如果视频内容质量不好，流量都会大打折扣。所以，还是要把内容放在第一位，在保证同样优质内容的同时，把黄金时间点变成你的催化剂，就能达到事半功倍的效果。

第6章

构图——这样取景让画面更美

6.1　掌握摄影构图的关键

非专业出身的你，拍 Vlog 视频时是不是总是凭感觉在拍呢？有时候觉得画面不对劲，但又说不出所以然？或许，你需要在视频构图上补补课了。

一段优质的视频离不开好的构图，在对焦和曝光都正确的情况下，良好的画面构图往往会让一段视频脱颖而出，好的构图能让你的作品吸引观众的眼球，与之产生思想上的共鸣。学 Vlog 摄影必须要掌握一定的构图技巧，才能使拍摄的视频看起来更加美观。

6.1.1　什么是构图

摄影构图也可称为“取景”，其含义是：在 Vlog 视频创作过程中，在有限的空间里，借助拍摄者的技术和造型手段，合理安排所见画面上各个元素的位置，把各个元素有序地结合并组织起来，形成一个具有特定结构的画面。

图 6-1 所示，这段 Vlog 在拍摄时采用了斜线的构图手法，具有一种动感的美，同时斜线的纵向延伸可加强画面深远的透视效果。斜线构图的不稳定性使画面富有新意，给人以独特的视觉效果。

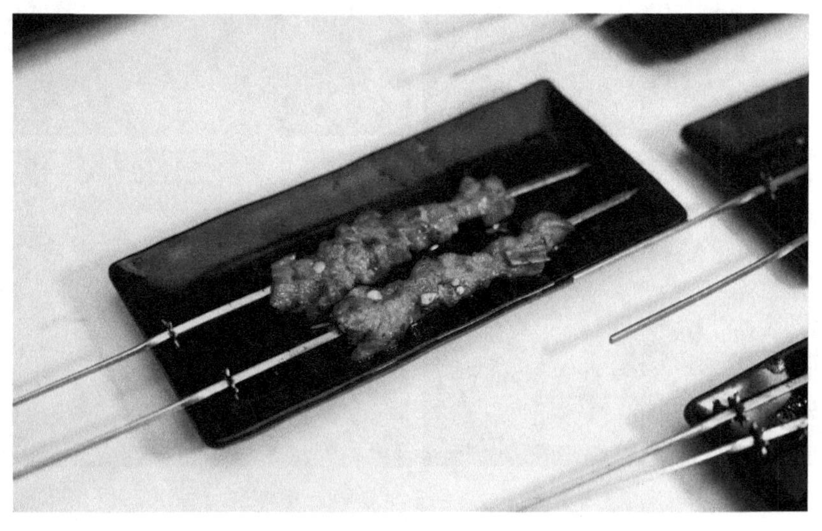

▲ 图 6-1　斜线的构图手法

6.1.2　画面要简洁明了

视频和图片不一样，观众会在连续的画面中获取信息，每一个画面为讲述完整的故事而服务，如果出现的信息太多，就会使画面产生杂乱不堪的感觉，观众看起来也很累，故事会被你打破。所以，请务必注意始终保持取景框里的画面简洁。

图 6-2 所示，这一段早餐 Vlog 视频的画面整体上都比较简洁，画面干净，不显杂乱，给人一种非常舒服的感觉。

▲ 图 6-2 一段早餐 Vlog 视频

6.1.3 主体一定要突出

评价一个 Vlog 视频构图的水准，主要看主体的表现力如何，主体与环境中的其他事物是否配合得当。

比如，我们常见的两人对话镜头，通常就一人是主角，另一人是配角。电视剧、电影中一般也就只有一个主角，所有故事围绕这个主角展开，你在 Vlog 构图中也需要始终牢记这个原则。

图 6-3 所示，这段 Vlog 画面中有一对可爱的兄弟，其中的小宝贝就是故事的主角，所有的故事及画面要围绕这个主角来展开，这就是画面中的主角线。

▲ 图 6-3　小宝贝就是故事的主角

6.2　掌握合适的拍摄视角

在 Vlog 视频的拍摄中，不论我们是用手机还是相机，选择不同的拍摄角度拍摄同一个物体的时候，得到的视频画面区别也是非常大的。不同的拍摄角度会带给我们不同的感受，并且选择不同的视角可以将普通的被摄对象以更新鲜、别致的方式展示出来。本节主要介绍平视、仰视、俯视这 3 种常见视角的 Vlog 拍摄方法。

6.2.1 平视取景

平视是指在拍摄时平行取景，取景镜头与拍摄物体高度一致，拍摄者常以站立或半蹲的姿势拍摄对象，可以展现画面的真实细节。图 6–4 所示，这个小物件就是采用平视的角度拍摄的，视觉中心位于画面正中央。

▲ 图 6–4　平视视角

6.2.2 仰视取景

在日常 Vlog 摄影中，如果是自下而上拍的，我们都理解成仰拍，比如 30 度仰拍、45 度仰拍、60 度仰拍以及 90 度仰拍。仰拍的角度不一样，拍摄出来的效果自然不同，只有耐心和多拍，才能拍出不一样的照片效果。由下而上的仰拍，就像小孩看世界的视角，拍摄建筑的时候会让主体有庄严伟岸的感觉，拍摄人物的时候可以得到比较特别的透视感。

图 6–5 所示，一般建筑都采用仰拍的手法，这样可以体现出建筑的宏伟、大气。

▲ 图 6-5　仰视视角拍摄的建筑

6.2.3 俯视取景

一般情况下，风景 Vlog 采用平视的手法拍摄得较多，建筑 Vlog 采用仰视的手法拍摄较多，而美食及生活 Vlog 则采用俯视的手法拍摄得较多。

俯视取景就是要选择一个比主体更高的拍摄位置，主体所在平面与摄影者所在平面形成一个相对大的夹角，拍摄出来的视频画面视角大，画面有纵深感和层次感。图 6-6 所示，为俯拍的日常生活 Vlog 画面。

▲ 图 6-6

▲ 图 6-6 俯拍的日常生活 Vlog 画面

6.3 运用经典的构图方式

当我们掌握了基本的构图原则与拍摄视角之后，接下来我们开始学习常见电影感 Vlog 视频构图的主要形式。

6.3.1 水平线构图

水平线构图是最基本的一种构图方法，也是 Vlog 拍摄者用得最多的。水平线构图是指画面以水平线条为主，在表现海平面、草原等广阔的场景时，往往会用这种构图法。平衡的线条本身具有稳定的特性，会给观众心中留下一种宽阔、稳定、和谐的感觉，主要适用于景物、风光的 Vlog 拍摄构图。

图 6-7 所示，为水平线构图拍摄的日落夕阳 Vlog 画面，以远处的桥为分界线，将天空和湖面一分为二，整个画面给人一种稳定感。

▲ 图 6–7　水平线构图

☆专家提醒☆

使用水平线构图法时，不一定非得是实际的水平线，可以是物体边缘，甚至可以是天空中的一道闪电，也可以是两个物体所在的分界线等。水平线构图法强调的是一个符合美学的线条将画面分割开来，拍摄时，分割出来的画面只要符合美学意义上的平衡，就是一段合格的水平线构图视频。

6.3.2　垂直线构图

垂直线构图是指画面以垂直的线条为主，能充分展示景物的高大和深度，往往用来表现被摄体自身就有很明显的向上张力，如树木、植物、高楼、人物等。

图 6–8 所示，这段植物 Vlog 就是以垂直线构图的手法拍摄的，体现了植物向上生长的张力，视频中的昆虫为画面增添了几许活力，让画面极具视觉感。

▲ 图 6-8　垂直线构图

6.3.3　九宫格构图

九宫格构图是指将画面分别用横竖的两条直线将画面分为九个空间，等分完成后，画面会形成一个九宫格线条。九宫格的画面中会形成四个交叉点，我们将这些交叉点称为趣味中心点，可以利用这些趣味中心点来安排主体，使主体对象更加醒目。

图 6-9 所示，就是采用九宫格的构图手法拍摄的荷花 Vlog，将盛开的荷花放在右下角的交叉点上，增强画面中的主体视觉效果。

◀ 图 6-9　九宫格构图

6.3.4 对角线构图

对角线构图，是指在画面中的两个对角之间存在一个连线，这个对角线，可能是主体，也可以是陪体。对角线构图有效利用了画面对应的两个角，形成了一条极长的斜线，让画面富有动感、活泼，牵引着人的视线。

此类构图法更多的是用来叙述环境，视频中较少用对角线构图来表现人物，除非需要表达特定的人物设定，因为这类构图形式有很强的形式感，适用于拍摄旅行类的 Vlog 短视频。

图 6-10 所示，就是使用对角线构图拍摄的风景植物 Vlog，以绿叶的茎秆为对角线，交代环境背景——这是在室外的公园或山上拍摄的。这个时候，大家的视觉也很容易被吸引到两只小昆虫身上，汇聚视觉焦点。

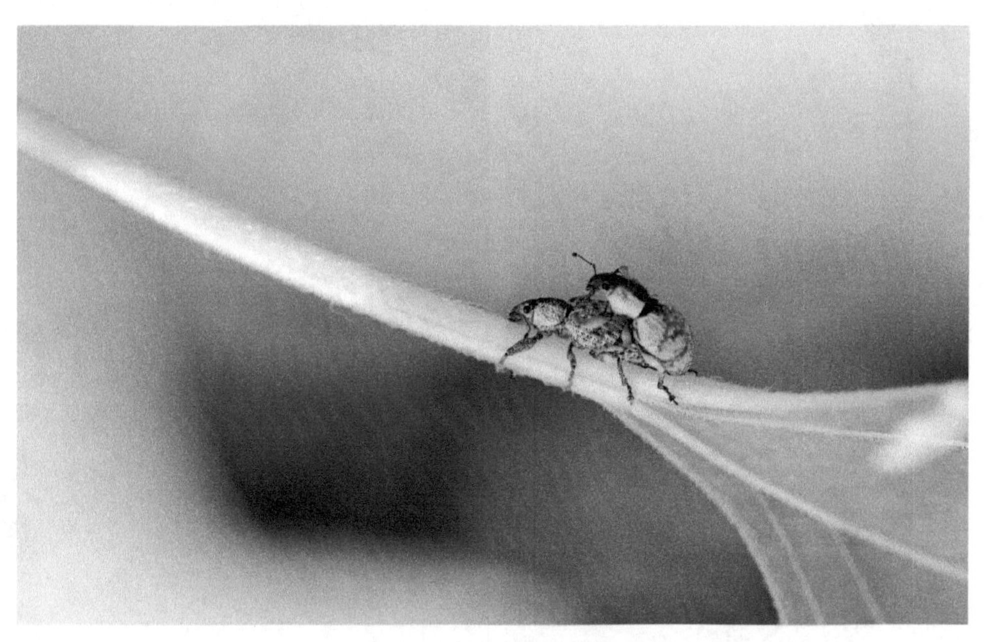

▲ 图 6-10　对角线构图

☆专家提醒☆

在进行对角线构图的时候，大家切记，大多时候，背景一定要越简洁越好，这样才更容易突出主体！很多不会摄影的朋友，经常会说“这里没什么景物好拍的”，或者说“这个景物太丑了，拍出来不漂亮”。但是，有经验的 Vlog 摄影师，从来不说这句话，因为美一定存在，只是我们缺少发现美的眼睛。

6.3.5 框架式构图

框架式构图就是将画面重点利用框架框起来的构图方法，会引导观者注意框内景象，产生跨过门框即进入画面的感受。这种构图方法在短视频中会产生一种窥视的感觉，让画面充满神秘感。框架不一定是方形，可以是多种形状，我们可以在拍摄时利用现场的门框搭建拍摄框架，同时也可以利用树木花草搭建画框。

图 6–11 所示的公园风景 Vlog，都是采用框式构图的手法拍摄的，利用四周的建筑作为框架，将主体放在框中合适位置。框式构图有助于主体与前景很好地结合在一起，并使主体更加突出。

▲ 图 6–11　采用框式构图的手法拍摄

有时候我们在拍摄美食 Vlog 的时候，也会用到框式构图，比如美食装在盒子里面，就是一种框式构图，如图 6–12 所示。

▲ 图 6-12　美食 Vlog 的框式表现手法

6.3.6　中心构图

中心构图法就是将画面中的主要拍摄对象放到画面中间，一般来说画面中间是人们的视觉焦点，看到画面时最先看到的会是中心点。这种构图方式最大的优点就在于主体突出、明确，而且画面容易取得左右平衡的效果。这种构图方式也比较适合短视频内容拍摄，是短视频常用的构图方法。

图 6-13 所示，就是采用中心构图法拍摄的美食 Vlog 画面，可以极好地汇聚观众的视线，达到突出主体的效果。

▲ 图 6-13　中心构图法拍摄的美食 Vlog

还有一种人物中心构图法，就是将人物放在画面的正中心位置，在拍摄人物 Vlog 的时候运用得也较多，如图 6-14 所示。

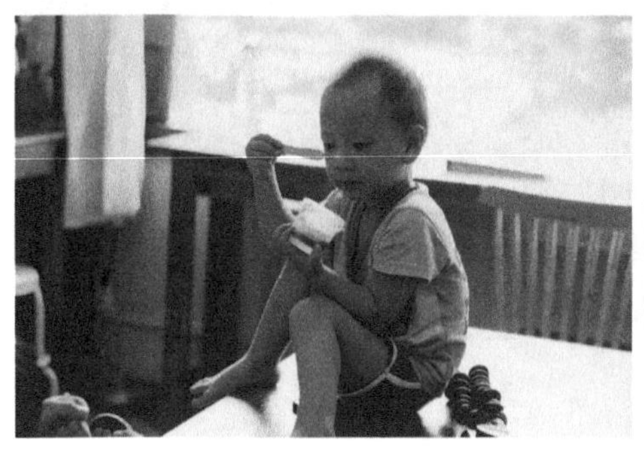 

▲ 图 6-14　中心构图法拍摄的人物 Vlog

6.3.7　透视构图

近大远小是基本的透视规律，拍摄 Vlog 的时候也是如此，并且视频有着增加画面立体感的作用，可以带来身临其境的现场感。在手机镜头中，由于透视的关系，平行的直线会变成相交的斜线，这样就会让画面有视觉张力，加强纵深感。

图 6-15 所示，拍摄夜景 Vlog 时，画面中的跨江大桥就是以透视构图的手法拍摄的，桥面具有一种极强的透视感，近处的桥大，远处的桥小，极具视觉冲击力，这就是透视的表现，使画面的立体感非常强烈。

▲ 图 6-15　透视构图拍摄的桥梁

☆专家提醒☆

总之，短视频的构图规则跟视频拍摄构图规则一致，但视频内容节奏较快时，画面构图应该尽可能地保证画面主体要表达清楚，这也是短视频构图的基本准则。

6.4　通过后期进行二次构图

对视频进行后期裁剪完成二次构图，也是需要我们学会的。有时我们在拍摄 Vlog 的时候是横幅构图，可当我们最终需要制作竖幅效果时，就需要将横屏裁剪为竖屏。本节以剪映 APP 为例，向大家详细介绍通过后期 APP 对画面进行二次构图的方法，希望大家熟练掌握本节内容。

步骤 01 在应用商店中下载并安装“剪映”APP，打开“剪映”APP 工作界面，点击中间的“开始创作”按钮，如图 6–16 所示。

步骤 02 打开手机素材库文件夹，❶ 选择需要导入、裁剪的视频素材；❷ 点击下方的“添加到项目”按钮，如图 6–17 所示。

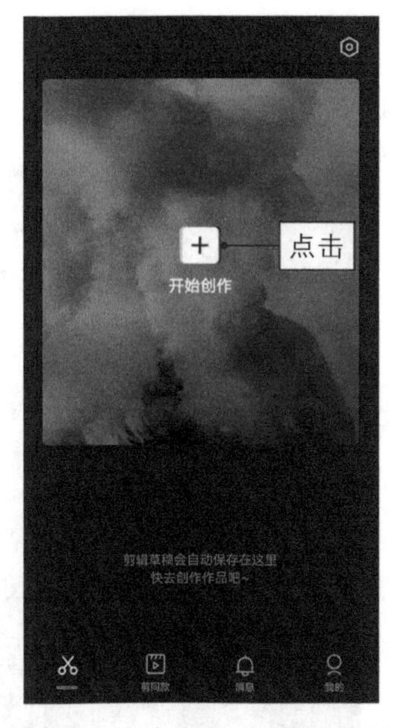

▲ 图 6–16　点击“开始创作”按钮

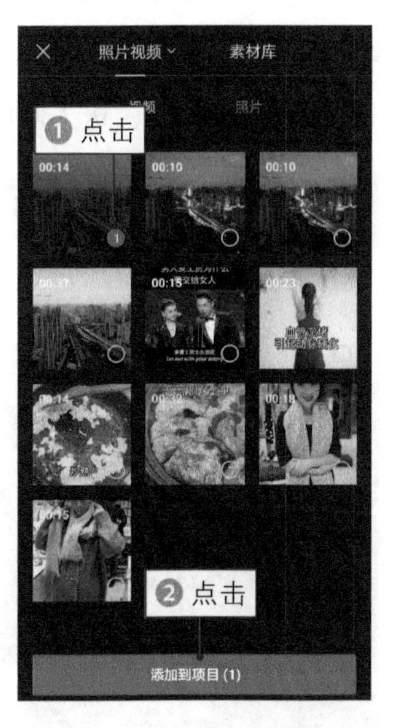

▲ 图 6–17　点击“添加到项目”按钮

步骤 03 执行操作后，即可导入素材至工作界面中，如图 6–18 所示。

步骤 04 在下方从右向左滑动功能区的按钮，点击“编辑”按钮，如图 6–19 所示。

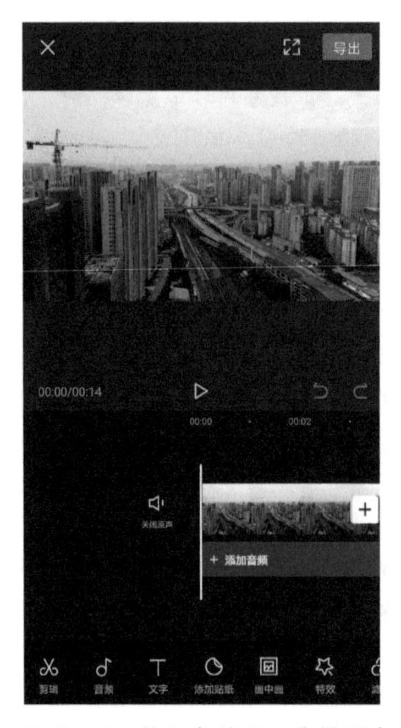

▲ 图 6-18　导入素材至工作界面中

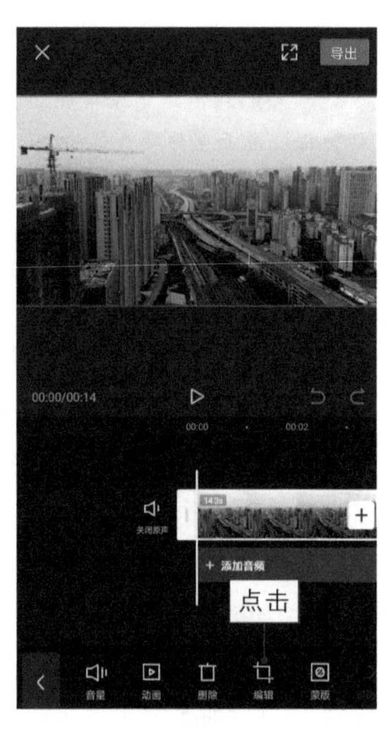

▲ 图 6-19　点击“编辑”按钮

步骤 05 进入编辑界面后，点击下方的“裁剪”按钮，如图 6–20 所示。

步骤 06 执行操作后，进入画面裁剪界面，如图 6–21 所示。

▲ 图 6-20　点击“裁剪”按钮

▲ 图 6-21　进入裁剪界面

步骤 07 拖曳素材四周的控制线，调整素材的裁剪尺寸，这里将横屏素材裁剪成竖屏效果，如图 6-22 所示。

步骤 08 裁剪完成后，点击右下角的“对勾”按钮 ✓，确认裁剪，即可查看裁剪后的视频尺寸，效果如图 6-23 所示。点击右上角的“导出”按钮，即可导出视频。

▲ 图 6-22　调整素材的裁剪尺寸

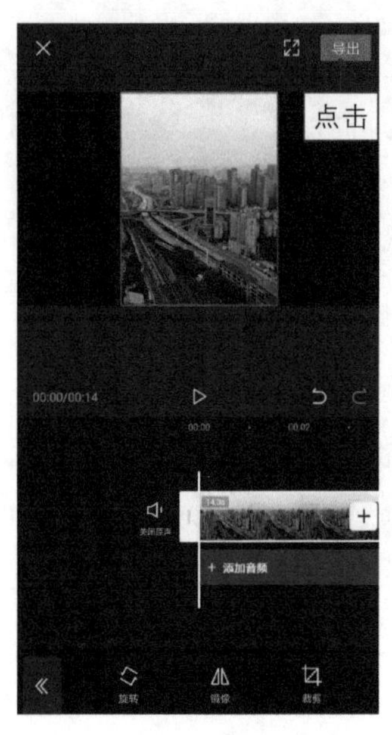

▲ 图 6-23　确认裁剪操作

第7章 运镜——五分钟学会镜头语言

7.1 镜头的多种拍摄角度

镜头语言是指镜头怎么样去拍，为什么同样是做早餐，有些人拍起来就引人入胜，而有些人拍起来怎么都不好看呢？这是因为他们没有镜头意识。我们在学习运镜拍摄技巧之前，先来了解一下镜头的多种拍摄角度，如正面、背面、侧面等。

7.1.1 镜头正面拍摄

正面方向拍摄出来的 Vlog 画面往往符合人们日常观察模式，在主体的正对面拍摄的就是正面，表现出来的就是主体原本的情况，正面拍摄出来的人物更能展现外貌特点，细节也更加明显。

图 7-1 所示，这种拍摄就是正面拍摄，这样拍出来的画面能真实地反映被摄主体外貌，没有过多修饰的成分。拍摄时，镜头机位和人的观察习惯位置相同，符合观众的日常观察习惯，但是拍摄出来缺乏层次。

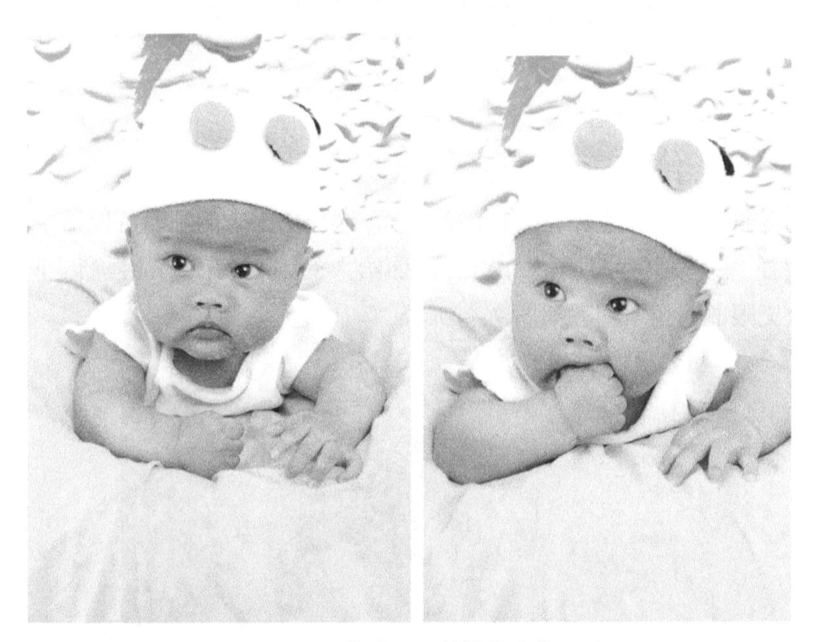

▲ 图 7-1　镜头正面拍摄的人像画面

上面向大家介绍的是正面拍摄人像 Vlog 的画面，我们在拍摄美食 Vlog 的时候也可以使用正面的拍摄手法，从上往下 90 度正面俯拍，可以完全拍摄出美食的细节部分，使美食完整地展现在观众的眼前。

图 7-2 所示，这段日常水果 Vlog 就是采用正面的镜头拍摄的，可以直观地看到水果的各个细节部分和新鲜程度，通过画面可以吸引观众的眼球。

▲ 图 7-2　正面镜头拍摄的水果

7.1.2　镜头背面拍摄

背面取景就是站在主体背后拍摄其背面，这样拍出来的画面可以给主体留白，表现力很强。另外，背面拍摄的 Vlog 画面给人的主观意识非常强烈，同时可以留给观众无限的遐想空间，如图 7-3 所示。

▲ 图 7-3　站在主体背后拍摄其背面

7.1.3　镜头侧面拍摄

侧面取景，就是站在主体的侧面进行拍摄。无论是人物还是美食，使用手机或相机从对象的侧面拍摄时，都可以拍出很美的轮廓线。侧面构图拍摄需要提前准备的景物比较多，但是拍出来的 Vlog 画面都非常有美感，尤其是在人物的拍摄中，侧面是非常好的一个拍摄面，能突显人物的轮廓线美感。

图 7-4 所示，就是以侧面的手法拍摄的人物 Vlog，很好地体现了女孩的轮廓曲线美感，看到这样的 Vlog 时，有一种目光被强烈吸引住了的感觉。

▲ 图 7-4　侧面拍摄的人像 Vlog

侧面的拍摄手法在美食 Vlog 中运用得也比较多，侧面拍摄美食可以很好地体现出美食的层次感，使画面更加美观，如图 7-5 所示。

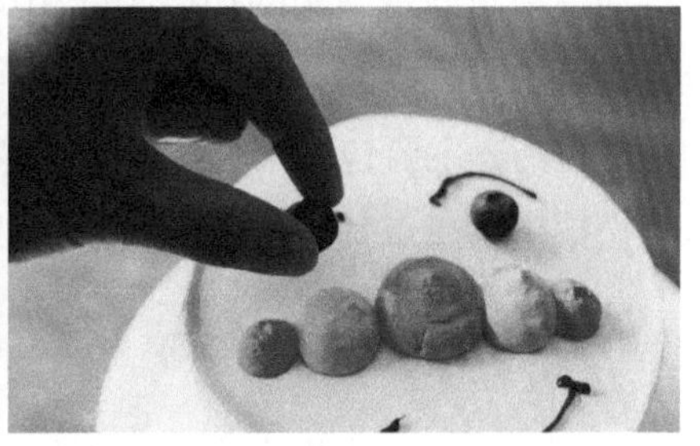

▲ 图 7-5

▲ 图 7-5　侧面拍摄美食 Vlog

7.2　运动镜头的拍法

运动镜头与固定镜头的拍摄刚好相反，固定镜头是指将手机或相机固定在某个位置进行拍摄，而运动镜头是指一边运动一边拍摄。本节主要介绍 5 种视频的运动拍摄技巧，主要包括推、拉、摇、移、跟，熟练掌握这 5 种镜头的拍摄方法，可以轻松拍摄出高点赞率的 Vlog 视频作品。

7.2.1　推镜头，将镜头推近

推镜头是指将镜头推出去，使画面中人物主体越来越大，有一种将镜头推近的画面感，我们可以通过手机的变焦功能来实现推镜头的效果，在录制过程中通过用两指在屏幕上相对划开，即可拉近拍摄对象，使主体越来越近，如图 7-6 所示。

▲ 图 7-6　推镜头的拍法

如果是使用相机拍摄 Vlog 视频的话，直接将镜头推出去即可。上面讲解的是使用推镜头的方式来拍摄人物，我们也可以用这样的方式来拍摄美食，如图 7-7 所示，就是使用推镜头的方式拍摄的美食 Vlog，效果也非常不错。

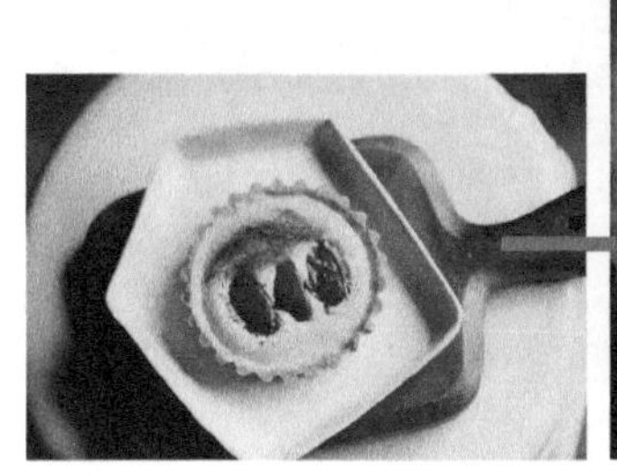

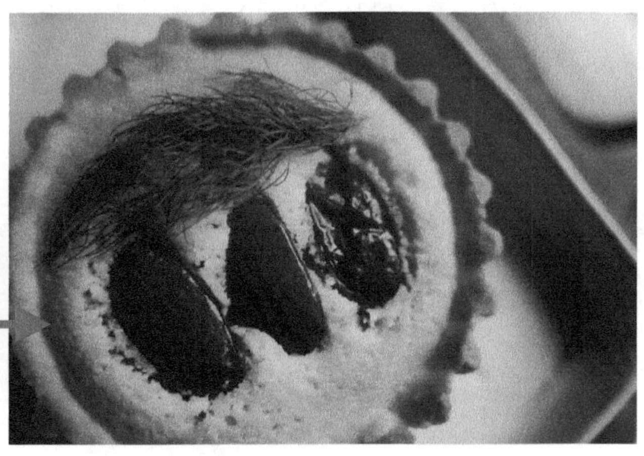

▲ 图 7-7　使用推镜头拍摄的美食 Vlog

7.2.2 拉镜头，由近向远拉出

拉镜头与推镜头刚好相反，是指人物主体在画面中越来越小，直至消失，这种手法适合用在一段视频的结尾。我们在拍摄时，可以先将画面推近，然后按下录制键开始拍摄，再慢慢地将画面拉远，呈现出拉镜头的效果，如图 7-8 所示。

▲ 图 7-8 慢慢地将画面拉远

下面我们来看一段日常生活 Vlog 的拉镜头拍法，如图 7-9 所示，场景越来越大，视线越来越宽广，画面张力也就越来越强。

▲ 图 7-9 日常生活 Vlog 的拉镜头拍法

☆专家提醒☆

我们在拍摄风景类的 Vlog 视频时，也可以采用拉镜头的拍法进行画面的录制，这样可以逐渐体现出大场面的风光全景，使画面更具有吸引力。

7.2.3　摇镜头，使角度发生变化

摇镜头可以使拍摄的角度发生变化，当你所要拍摄的内容无法通过固定镜头拍摄下来的时候，就需要通过摇镜头的方式将拍摄的环境表达出来。

图 7-10 所示，就是以摇镜头的方式拍摄的欧洲埃菲尔铁塔的 Vlog 截图，通过摇镜的方式改变镜头拍摄的角度。镜头左下侧是埃菲尔铁塔的左边，镜头向右侧摇的时候，拍出了埃菲尔铁塔的右边，再往上摇的时候拍出了埃菲尔铁塔的上方。

▲ 图 7-10　以摇镜头的方式拍摄的埃菲尔铁塔

7.2.4 移镜头，前后左右平移

移镜头是指通过拍摄者行走的方式，或者拍摄者身体左转右转的方式来移动手机的镜头，达到前、后、左、右的平移效果。

图 7-11 所示，这是在西藏纳木错湖拍摄的风景 Vlog 截图，摄影师在拍摄过程中往右旋转身体，通过身体的变化使镜头向右移，映入眼帘的是延绵起伏的雪山，还有圣湖上的冰川，画面极具层次美感，再加上游客在圣湖上玩耍，给人眼前一亮的感觉，呈现出了一道优美的风景。

▲ 图 7-11　以移镜头的方式拍摄的风景 Vlog

☆专家提醒☆

摇镜头与移镜头的拍摄手法主要用于交代故事的环境背景，告诉大家当时处于一个什么样的拍摄环境中，使故事与环境更加融合。

7.2.5　跟镜头，跟随人物主体拍摄

跟镜头是指当人物的位置发生变化的时候，我们需要跟着人物进行拍摄，跟镜头包括前面跟、侧面跟、背面跟等，是强调主体内容一直在镜头中央的一种拍法。

图 7-12 所示，就是跟在女孩后面的一种跟镜头拍摄的手法，首先从女孩的后方拍摄，拍出女孩回眸的瞬间，然后女孩边走摄影师边跟拍；女孩靠在大树上，摄影师拍出了女孩的侧脸轮廓，多角度展现了女孩的性感与妩媚；接下来可以对女孩进行侧面跟、背面跟、前面跟的拍摄，只要将女孩放在画面的中央即可，使主体突出。

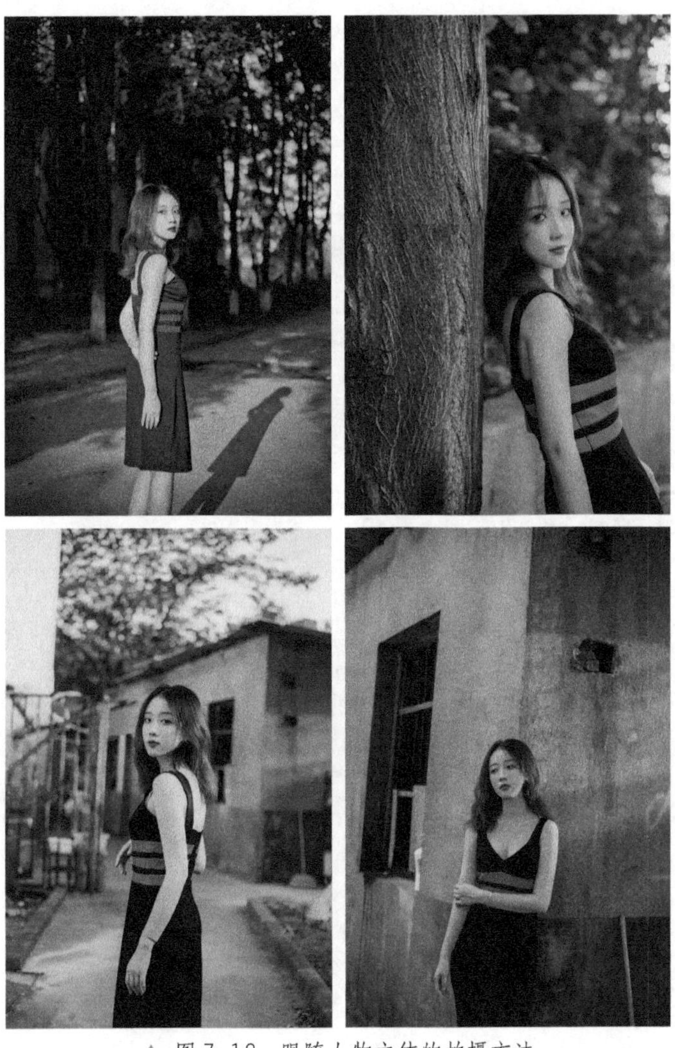

▲ 图 7-12　跟随人物主体的拍摄方法

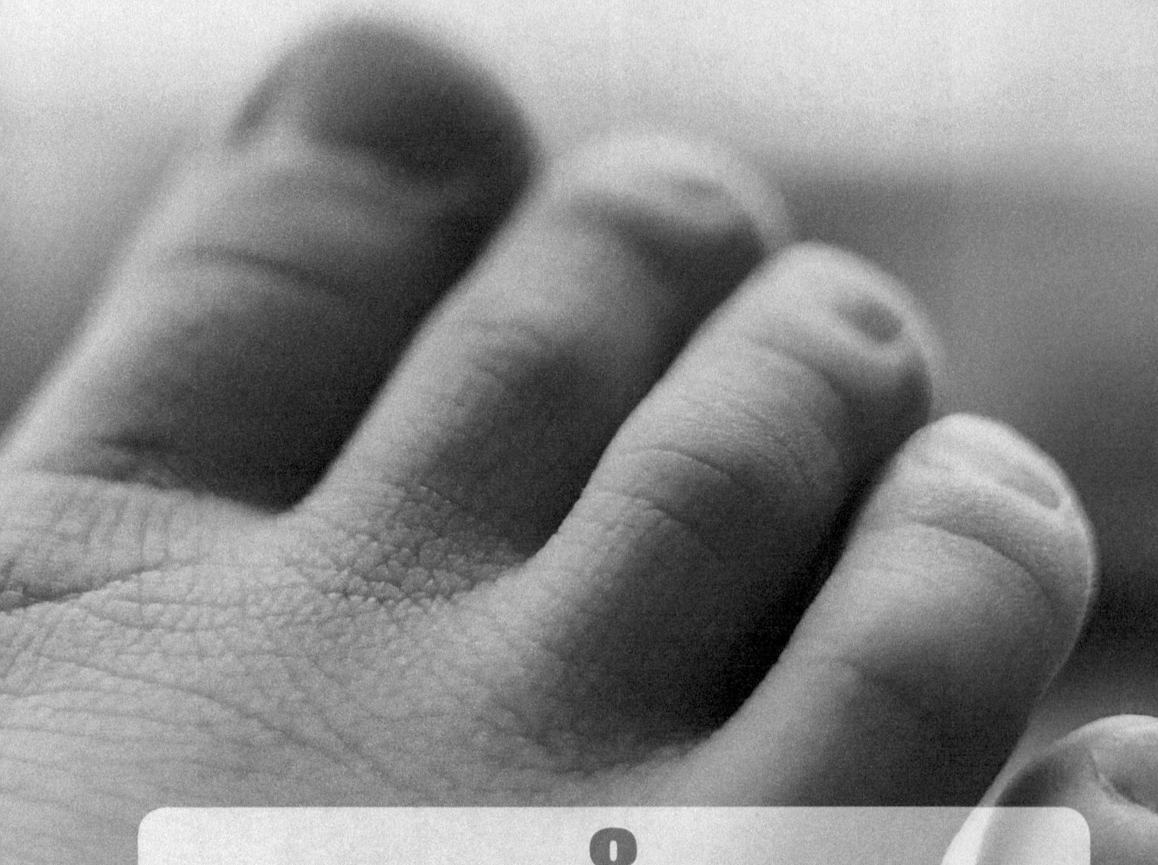

第 8 章 光线——拍Vlog自然光就够了

8.1 不同的光线带来 Vlog 特殊影调

在 Vlog 的拍摄中，光线是必不可少的，通过不同的用光技法，可以展现视频画面的独特魅力。不同方向的光线所展现出来的画面有着自己独特的魅力。

例如，顺光的视频会显现出景物或人物最自然的一面；侧光则会展现人物或风光的形体美；逆光则会为画面带来强烈的剪影效果，增强画面感。因此，通过不同的光线，可以打造出具有不同特色的 Vlog 作品。

8.1.1 顺光拍摄，光线比较均匀

顺光是指投射方向与相机镜头的方向一致的光线。使用顺光拍摄时，被摄物体没有强烈的阴影，一般会显得细腻光滑。

下图为利用顺光拍摄的家庭 Vlog 视频。拍摄者没有刻意地营造氛围，而是自然贴切地将画面的色泽感细节真实地呈现出来，视频影像由于阴影少，所以画面的反差较低，可以充分展现出美食与人物的细节、外貌，如图 8-1 所示。

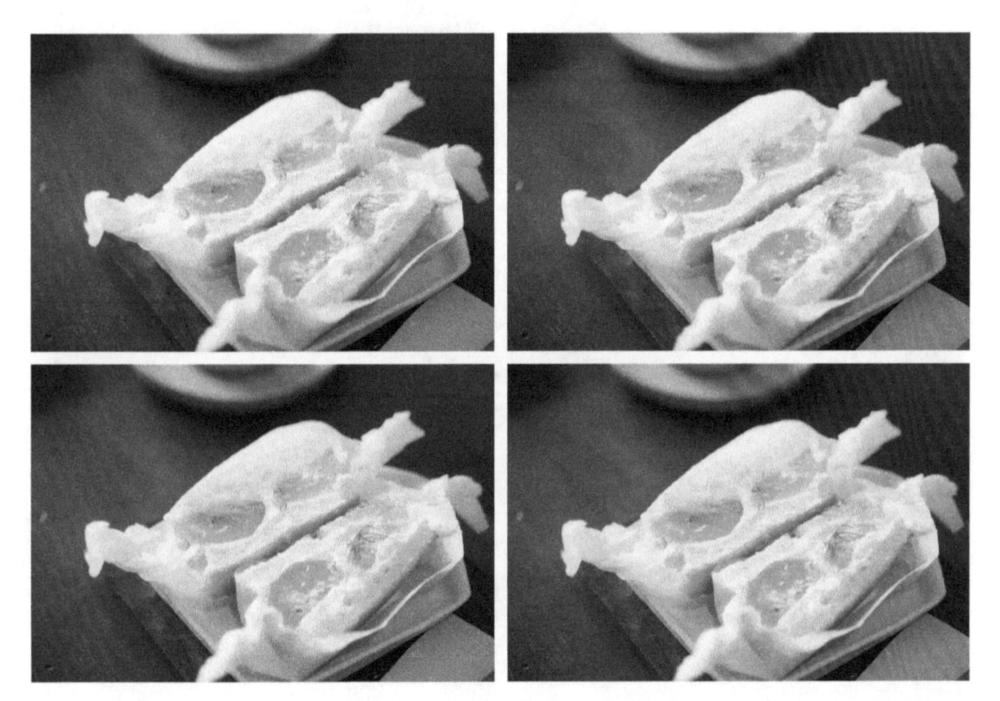

▲ 图 8-1　顺光下拍摄的 Vlog 视频

8.1.2 侧光拍摄，增强画面立体感

侧光是指照射方向与相机拍摄方向呈直角的光线，因此被摄物体受光源照射的一面非常明亮，而另一面则比较阴暗，画面的明暗层次感非常分明，可以体现出一定的立体感和层次感。在拍摄人像或美食 Vlog 时，能很好地体现出主体的轮廓美感。

下图拍摄的 Vlog，光线是从右侧照射过来的，光线照射在主体对象上时，主体在左侧形成影子，使画面更具空间层次感，如图 8-2 所示。特别是下图中的人物，右侧因为有光线照射的原因，非常明亮，而左侧因为是背光的原因，所以形成了阴影面，增强了人物的立体感。

▲ 图 8-2　侧光下拍摄的 Vlog 视频

8.1.3　逆光拍摄，呈现剪影效果

逆光是指照射方向与手机或相机镜头拍摄方向相对的光线，画面的视觉效果与顺光完全相反，主体与背景之间存在较大的明暗反差。在利用逆光拍摄时，容易出现光晕的现象。这时可以加装遮光罩，或稍微移动拍摄位置，将正逆光转换为侧逆光，以避免光晕现象的发生。

图 8-3 为利用逆光拍摄的海边风光 Vlog 视频截图，随着夕阳渐渐落下，画面中出现了明显的明暗反差，画面的立体感更强了。

▲ 图 8-3　逆光下拍摄的 Vlog 视频

8.2　掌握早、中、晚 3 个时段的自然光

不同时段的光线是不同的，尤其是早、晚两个时段的光线，其中早上的光线比较柔和，光线很软，用手机拍摄这类光线时，画面就很和谐、优美。时间及环境对 Vlog 画质的影响是很重要的，不同的时间段会对视频拍摄造成不同的影响。因此，在拍摄 Vlog 时一定要把握好时间，在有限的适合时间内，抓住主体对象的特点，打造出迷人的 Vlog 视频作品。

8.2.1 清晨的阳光比较柔和

清晨的阳光比较柔和，不至于画面太亮导致过曝，光线也不会很硬，适合拍摄风光或植物 Vlog。在使用手机或相机拍摄 Vlog 时，可以将摄像头放在低角度的位置，采用逆光、顺光或者侧光等光线进行拍摄。

图 8–4 为利用清晨的光线拍摄的风光 Vlog 截图，清晨的阳光非常柔和，背景的虚化效果使停留在花卉上的蝴蝶更为突出，动静结合的拍摄手法使画面极具感染力。

▲ 图 8–4 借助清晨的光线拍摄的风光 Vlog

8.2.2 中午的阳光比较强烈

正午是阳光最强烈的时候，此时拍摄 Vlog 的画面的亮度和饱和度会非常好。如果是拍摄人像 Vlog 的话，要站在没有太阳直接照射的地方，避免太阳光产生的光线干扰。图 8–5 为正午时分拍摄的校园 Vlog 截图，太阳光极为强烈，这样的拍摄手法主要用来交代故事的环境背景。

▲ 图 8-5　正午时分拍摄的校园 Vlog

8.2.3　傍晚的阳光充满变化

傍晚也就是太阳落山时，光线力度比较柔和，天空中的光线也会从傍晚的黄金时段转变为蓝调时段，再到黑夜时段，充满了变化。那时候夜幕刚刚降临，华灯初上。当我们使用手机或相机拍摄 Vlog 时，可对准天空部分进行测光操作，使 Vlog 画面的曝光得到加强，恢复画面暗部的细节特征。

图 8-6 为夜幕刚刚降临时拍摄的一段城市夜景 Vlog 截图，天空中光线的变化非常明显，城市建筑在人造灯光的照射下，显得光彩夺目。

▲ 图 8-6　夜幕刚刚降临时拍摄的一段城市夜景 Vlog

黄昏时刻我们也称之为魔幻时刻，因为这个时候摄影师们可以拍出色彩绚烂的创意 Vlog 作品，特别是利用黄昏时刻的云彩变化来烘托环境氛围。

8.3 晴朗天气下如何拍 Vlog

在晴天日光充足的情况下，光线充足、色彩鲜艳，是最容易拍摄的环境，同时也是弹性最大的拍摄天气。因此，拍摄 Vlog 时应尽量选择在晴天、多云、日照充足的天气下进行拍摄。本节主要介绍两种晴朗天气下拍摄 Vlog 的小技巧。

8.3.1 用直射光的构图手法来拍摄

在风光 Vlog 的拍摄中，通过直射光可以打造出强有力的视频效果。在晴朗的天气条件下，阳光直接照射在被摄物体上，而不会形成明显的投影，整个画面自然又和谐。图 8-7 所示，通过直射光展现出了茶花的艳丽色彩。

▲ 图 8-7 通过直射光展现茶花的艳丽色彩

☆专家提醒☆

直射光照在被摄物体上，光线会比较硬，没有清晨的光线柔和，这种强光适合表现出拍摄者强烈的情绪，比如开心、兴奋、激动等。

8.3.2 拍出朵朵白云交代环境背景

天空中的朵朵白云是晴天的一个代表，只有在晴空万里的环境下，天空中才会飘着朵朵白云，大家都喜欢看天空中棉花似的白云，一朵一朵的，特别美。所以，我们在拍摄 Vlog 的时候，可以多拍一些天空中的白云，用来交代背景的环境，对画面的美感也有提升。

图 8-8 所示，为 Vlog 中拍摄的白云效果，说明了当天的天气非常晴朗。

▲ 图 8-8　Vlog 中拍摄的白云效果

8.4　阴天情景下如何拍 Vlog

阴天的云层比较厚，对于拍摄 Vlog 的摄影师来说，就好像是天然加了一个柔光镜，在这种环境下拍摄的景物的阴影不会太过强烈，尤其是云层因为气压而接近地面，会有一种压迫感，只要适当地搭配景物，会呈现出独特的效果。

8.4.1　运用露珠拍出画面的细节感

图 8-9 所示，为阴天下拍摄的露珠效果，完美地展现了画面的细节感。

▲ 图 8-9　阴天下拍摄的露珠效果

在拍摄上图的 Vlog 时，运用了推镜头的拍摄手法，将画面慢慢地向露珠推近，更好地展现了露珠的细节，表现出晶莹剔透的效果。

8.4.2 适当配合周围的环境来拍摄

图 8-10 所示，这是拍摄的一段旅游 Vlog 截图，就是在多云的天气下拍摄的，通过周围的环境可以看出天空中的云比较厚，远处的山峦若隐若现，这个时候利用阴天柔和的光线，结合水平线构图的手法，整个画面给人一种平稳、静谧的感觉。

▲ 图 8-10 多云时拍摄的一段旅游 Vlog

8.5 迷蒙雾景下如何拍 Vlog

雾天是很多摄影师所青睐的天气，在雾里面的主体给人一种在仙境的感觉。尤其是拍摄山峦时，云雾缥缈的感觉可以让画面中的山峦显得更有灵气，而在雾的帮助下，画面可以产生虚实对比，增加画面意境。本节主要介绍如何在迷蒙雾景下拍摄 Vlog。

8.5.1 在山峦中拍摄大场景风光

在迷雾天气中，如果我们拍不出蓝天白云的远山之美，就拍迷雾虚渺的梦幻境地，也是另外一种难得拍到、难见的景色。

图 8-11 所示，这是一段坐在缆车里面拍摄的 Vlog 截图，部分片段采用了俯拍和仰拍的手法，拍出了大场景的风光画面。因为缆车的玻璃是湿的，而且沾有水珠，所以只能将镜头贴近玻璃取景。玻璃上水珠的圆点，形成了多点虚影，反而衬托了外面的缆车，这真是相得益彰的一份惊喜。山间的虚雾与索道呈虚实构图，体现了梦幻般的效果。

▲ 图 8-11　坐在缆车里面拍摄的 Vlog 截图

8.5.2 拍出云雾缥缈的仙境效果

云雾天气最能拍出类似仙境的效果，如果拍摄有人物的 Vlog 场景，就仿佛人物被置身于仙境中。图 8-12 就是在云雾天拍摄的视频画面，山间的阶梯和树木都被云雾缭绕，给人一种人间仙境的感受。

▲ 图 8-12 拍出云雾缥缈的仙境效果

第9章 道具——让Vlog变得更加独特

9.1 道具在 Vlog 中的神奇作用

在 Vlog 视频的拍摄中，细节往往对最后的成品影响很大，其中道具就是很多人忽视的一块内容。Vlog 视频说到底是视听的艺术，在电影中也往往存在舞台道具师的专门职业，他们的专业度极高，好的道具可以让你的 Vlog 作品具备很高的辨析度。

本节主要向大家介绍道具的分类，以及道具在影视和短视频中的作用，帮助大家更好地了解道具的运用方法。

9.1.1 了解道具的分类

有的道具具有装饰性，有的道具具有实用性，有的道具可以是自我保护的武器，也可以是生活中的一个简单物件，一旦这些道具在视频中多次强调或者出现，那它的作用就凸显出来了，重要性也就变大了。

如果对道具进行细分，它可以包含几个类别，从大小来看，小的道具大家时常见到，比如锅碗瓢盆、桌椅板凳、电话、字画、首饰、画作、书本等。图 9-1 所示，为制作美食视频中常出现的一些小道具。

▲ 图 9-1　制作美食视频中常出现的一些小道具

比较大的道具，像拍摄的房间、城堡、环境布置等，这些要根据实际情况来创作的。图 9-2 所示，图中的蛋糕属于道具，整个房间的布置也属于道具，墙上的字画、盆栽中的花以及整个环境的布置等，都可以称为道具。

▲ 图 9-2　拍摄的房间以及环境布置都属于道具

9.1.2　道具在影视中的作用

比如，电影《盗梦空间》中的陀螺，男主角靠它判断自己是否身处梦中，陀螺不倒就是在梦中，倒了就是在现实世界，如图 9-3 所示。陀螺在电影中扮演很重要的角色，以至于很长一段时间里，只要一看到陀螺，我们就会想到这部电影。

▲ 图 9-3　《盗梦空间》中的陀螺

《哈利·波特》中的魔杖也是这个道理，魔法师随身携带着由冬青制成的魔杖，配合咒语的使用，魔法师的神秘、威严和正义凸显出来。电影热播的时候，还有很多小朋友经常会抓根树枝来玩魔杖的游戏。

又比如，每个巫婆都搭配了一身黑色的袍子，一根能飞的扫把，还有一个闪着光亮的水晶球，以及各种特定的小道具等，用来衬托巫婆神秘的气质和风格。

9.1.3 道具在短视频中的作用

在短视频中，道具也有一样的效用，比如拥有千万粉丝的博主“贫穷料理”，他的每一集短视频最后都会亮出他的扇子，上面写着四个字“按时吃饭”，这也成为了他比较显著的个人标志，成了“贫穷料理”的品牌特色，如图 9-4 所示。

▲ 图 9-4 把扇子作为道具

9.2 不花钱的道具有哪些

道具可以让我们的 Vlog 视频变得更有趣、更受欢迎。道具不是越贵的就越好，甚至我们可以制作一些不用花钱的道具。下面介绍 3 种我在拍 Vlog 过程中用过的最好用的道具，关键是还不用花钱，给我节约了很多成本。

9.2.1 万物皆可前景

前景就是最不用花钱的道具，我们在拍摄 Vlog 之前，可以观察周围有哪些对象可以用来作为前景，能起到美化画面、烘托环境的作用。

我们在拍摄 Vlog 视频的过程中，一旦加入了前景，就能增加画面的层次感、故事感。而且，前景可以是任何东西，比如身边掉落的叶子、枯萎的小花、瓶子、凳子、窗户、书本等，还可以是人。

图 9-5 所示，拍摄的这个 Vlog 画面以盘子为前景，这个盘子就是一个免费的道具。盘子作为前景被虚化了，而盘中的草莓蛋糕清晰可见，这样的虚实对比能将观众的目光聚集到美味的蛋糕上，能更好地突出蛋糕的色、香、味，使主体更加突出、显眼。

▲ 图 9-5　以盘子为前景拍摄草莓蛋糕

图 9-6 所示，拍摄的这个 Vlog 画面以杯子为前景，这个杯子也是一个免费的道具。

▲ 图 9-6　杯子为前景进行拍摄

我们在家里随处可见杯子，而这个杯子也是我们拍摄的主体对象，杯中的茶水晶莹剔透，给人一种特别爽口的感觉。拍摄视频时对焦点在杯子上，所以前景清晰可见，背景拍摄出来是模糊的，这样能更好地突出前景主体。

图 9-7 所示，这是在家里拍摄的一段生活 Vlog 截图，当时家中的餐桌上摆了一束花，我就直接拿花作为道具来拍摄，拿花当前景，效果也是非常不错的。

▲ 图 9–7　以花为前景进行拍摄

万物皆可作为前景，只要是你能够看到、拿到的东西，都能成为你的有效道具，不用特别花钱去购买，即可随手得到，而且基本都不会穿帮，还能营造出很好的气氛，让观众对你的构图画面感到眼前一亮，产生新鲜感。

9.2.2　合理利用现实环境

这一步和前景有异曲同工之妙，我们在拍摄 Vlog 的时候，可以巧妙地利用现场环境中的道具。比如，下面这个 Vlog 镜头，就是以室内环境中的凳子为道具，相机架在凳子的边缘处，以凳子上的框架为前景进行拍摄，使画面具有层次感，如图 9–8 所示。

再比如，一个旅行 Vlog 的其中某个镜头，我们站在川流不息的人群里，就可以把相机或手机放在某个地方，开启延时摄影功能来拍摄画面，拍摄者不动，保持处于原地。此时，画面中就会显示一副你站在人来人往中的画面，因为别人都在动，只有你不动，那么你就是焦点，这个时候观众的所有注意力都在你身上。这种也是经典的利用环境的好镜头，能让人印象深刻。

▲ 图 9-8　以室内环境中的凳子为道具

9.2.3　一双发现美的眼睛

我在拍摄 Vlog 的时候，常常会利用已经有的东西进行创作。比如，在拍摄经营咖啡馆的日常以及做午餐的时候，我会使用店里常用的工具来制作美食和料理，不会再单独去买一份专用的新厨具回来。图 9-9 所示，为拍摄的一段日常开店 Vlog 画面，讲述了生蚝的制作过程与方法，里面的道具是我日常使用的一些厨具，并没有进行刻意购买。

▲ 图 9-9　日常使用的一些厨具

在拍摄餐桌的画面而需要餐布的时候，我会把之前买的白色的布料铺上去，这块白色的布料除了当我的餐布，有时候还可以当背景布、野餐垫等，在很多场景中都可以使用。把原有的物件利用起来，需要你有一双发现美的眼睛和惜物的理念，但也正是因为有了这个习惯，多次锻炼了我的创意思维。

从今天开始，你要留意身边的每一个小物件，每一处平时你没有发现的环境，每一种不常见的角度等。这样，你一定可以拍摄出更多有创意的 Vlog 视频作品。

9.3　什么是好用的道具

通过前面的学习，我们知道了道具的重要性，既然道具在 Vlog 短视频中的效果如此重要,那什么样的道具才是好道具呢？本节针对这个问题进行相关讲解。

9.3.1　道具要有辨析度

一个好的道具，能让品牌或个人的气质更浓，能让故事更有看头，能让观众对你的印象深刻，甚至大家在看到这些道具的时候，都能想到你。所以，好的道具是可以设计出来的，在你的视频里反复地出现，并且推动你的情节发展，最好能成为里面某个特定环节的一部分，这样才能强化观众的记忆。

比如，李子柒在走红之前的 Vlog 视频中，总是穿着古装出现。那么，这个古装就是她设计的一个超级好的道具，如图 9-10 所示。

▲ 图 9-10　以古装为道具让大家印象深刻

因为她把自己定义为美食博主，在那么多的美食博主中，她为自己找到了细分领域：乡野美食博主。在她之前，很少有人穿成这样拍视频的，配合她做的传统食物以及自给自足的桃花源式生活方式，李子柒的古装发挥的作用被放大了。慢慢地，古装美女的复古生活，就成了李子柒的个人品牌定位。

我们在拍自己的 Vlog 视频专栏之前，有没有考虑过给自己做一个适合的、专门的道具呢？像李子柒的古装一样，这个问题大家可以开始思考了。

9.3.2 道具不是越贵越好

当然，好道具不是越贵越好，大部分情况下我们都可以通过发现身边轻易可得的物件达到理想的效果。比如，Vlog 视频博主“办公室小野”，她拍的 Vlog 是在办公室做各种好吃的，刚开始的每一个道具也就是用身边常见的日常材料做成的。

又比如，搞笑类 Vlog 博主“毒角 SHOW”，他就是使用了一个独角兽的头套就开始拍 Vlog，这样也获得了千万的流量，如图 9-11 所示。

▲ 图 9-11　搞笑类 Vlog 博主“毒角 SHOW”

我们在为自己的 Vlog 视频找道具的时候，务必要多留心观察生活中的一些小物件，尽量用最小的成本来添置道具，不要一味地追求新奇、特别、高价格的道具，好的创意并没有那么贵。

当然，如果你是专门体验特殊环境的除外，比如最近有个美食博主大祥哥，专门品尝高级食材，他买一斤龙虾就花费几千块，还有普通人一般买不到的螃蟹等，因为家境富裕，这样做不会造成经济负担。那么，这种猎奇的 Vlog 视频就可以选用特殊的食材为道具。

9.4 哪些道具要避免使用

对于个人的 Vlog 视频创作者来说，由于人力成本有限，精力也有限，不可能像大团队那样有专门的人员来负责准备和制作道具。所以，在选择道具的过程中，要避免使用两种类型的道具，一是与主题不符合的道具，二是过于复杂、影响创作的道具，本节主要针对这两点内容进行相关讲解。

9.4.1　与主题不符合

道具要突显我们视频的定位，建立辨识度，也不是什么道具都适合，我们要考察这个道具是否和拍摄的主题契合。

比如，我有一个学员，她的定位是文艺青年日系的生活方式，以这种风格来拍摄 Vlog 短视频。所以，她买了一大堆的道具，有餐具、桌布、小家居用品等。因为她最后的作品风格是属于日式小清新风格的，而这些道具都有一个共同点：清新干净。

这样来选择道具，就能保证与我们拍摄的主题十分符合，那么这些道具就是有效道具。而如果她的定位是日系风格，却买了一大堆中式风格的餐具，那就与主题不符了。

那些复古的大花纹、浓重色彩的布料就很不适合她，红木家具虽然很贵重，但这种陈列和她的日系风格调性不一样。后面，她索性从与视频风格不符的父母家里搬出来了，自己租了房子，专门用来拍 Vlog 短视频，也开始了她的独居生活。后来，她慢慢地在网络上积累了很多粉丝，活出了她自己想要的样子。

9.4.2　过于复杂，影响创作

创作 Vlog 视频，我们会花费很多的心思和时间，而道具这个部分是我们创作中必不可少的，如果这个道具制作起来很复杂，以至于磨光了我们所有的耐性，最后连视频都不想拍了，那就本末倒置了。

学员小林就曾遇到过这样的情况，她很喜欢做美食，每天都会用手机记录自己的早餐。有一段时间，她为了拍更复杂的美食，买了一个全新的工具。但是，每一次使用这个工具的时候，都要经过很复杂的安装过程，对于一个对机械无感的女生来说，这件事让她很懊恼，后面她跑来和我说：等工具装好了，我什么也不想干了，自己已经连着一个星期没有更新视频了。

后来，我建议她在闲鱼上把这个机器转让了，她感觉如释重负。所以，如果你也有因为道具或准备工作过于复杂，而影响了拍摄 Vlog 的心情，我也建议你及时更换、处理掉你的道具，懂得适时放弃，是为了更好地坚持。

第10章 开头——如何设计Vlog的开篇

10.1 Vlog 开头的仪式感

在第 1 章的内容中我就介绍过，制作 Vlog 的万能公式是“封面 + 开头 + 正文 + 结尾”，每个部分都需要你去仔细地斟酌。开头在 Vlog 中是比较重要的部分，它是观众是否愿意继续看下去的关键。因此，本章主要介绍 Vlog 开头的设计方法。

无论你的 Vlog 开头如何设计，都要记住一个词：仪式感，Vlog 的开头一定要具有你的专属特点。比如，每一期的开头你都会说出相同的打招呼的台词，每一期的开头你都会有一个固定的动作，每一期的开头你都会摆一个专属的姿势，或者以某一个特殊的画面来开头，这些都属于开头的仪式感。下面以具体的 Vlog 案例进行分析。

10.1.1 以声音开头

以声音开头是指每一期的 Vlog 视频都以某一段相同的台词来开头，比如：“hi！我是 ×××”“大家好，我是 ×××”“大家好，欢迎来到 ×××”等，大家一听到这样的声音就知道是某博主发布的 Vlog 短视频，很有辨识度，让人记住你，这就是以声音开头的 Vlog 仪式感。

比如，在我自己的日常 Vlog 视频中，很多开头是这样的：“hi！我是薇薇”，如图 10-1 所示。大家一听到这样的声音，就知道这是我的 Vlog 视频。

▲ 图 10-1　我自己的日常 Vlog 视频

还有一种开头的方式，就是以相同的一段音乐来开头，这也是一种声音的仪式感。比如综艺节目《声临其境》，每次节目在开始播放前，都会有一段特定的、相同的声音，很有辨识度，如图 10-2 所示。大家一听到这样的声音就知道，节目要开始了。

▲ 图 10-2 综艺节目《声临其境》

10.1.2 以文字开头

图 10-3 所示，这就是以文字开头的 Vlog 视频，大家先来看看画面效果。

▲ 图 10-3　以文字开头的 Vlog 视频

以文字开头是指 Vlog 的视频在播放之前，首先播放一段文字，并带有敲键盘的声音。这样的视频主题比较清晰，让观众一打开视频就知道这个 Vlog 要讲的内容，感兴趣的观众会继续看下去，而不感兴趣的观众可能会直接关闭，有助于我们精准地吸粉引流。

10.1.3　以动作开头

有些人的 Vlog 视频，每次在开头的时候都会有一个经典的动作，比如打招呼的动作、摆 POSE 的动作、秀身材的动作等，这些都属于以动作开头。

图 10-4 所示，这位博主的抖音名字叫 Junshu，他的每集 Vlog 在开头的时候都会有一个打招呼的动作，这几乎成了他的招牌动作，这就是以动作开头的 Vlog 案例。

▲ 图 10-4　以动作开头的 Vlog 视频

10.1.4 以画面开头

有些 Vlog 的开头是以某些特定的画面为主，比如美食类的 Vlog 视频，一般都以某个美食的画面来开头，如图 10–5 所示。

▲ 图 10–5　以画面开头的 Vlog 视频

10.2 Vlog 开头的多种形式

Vlog 视频的开头有多种形式，最常见的有 3 种，分别是直接开头法、悬念开头法以及花絮开头法，本节主要针对这 3 种 Vlog 的开头形式进行相关讲解。

10.2.1 直接开头法

直接开头法是指一打开 Vlog 视频就直接播放正文内容，开门见山，想说什么就直接说，没有任何前奏或动作做铺垫。图 10–6 所示，这是制作的一段美食 Vlog 截图，没有任何前奏，标题过后就直接显示内容，这就是开门见山式的 Vlog 视频。

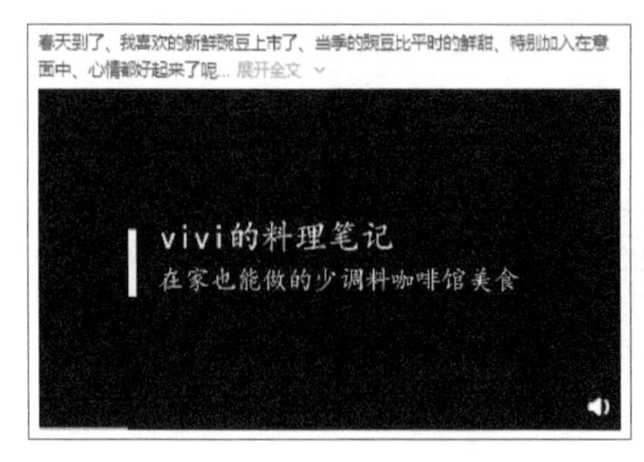

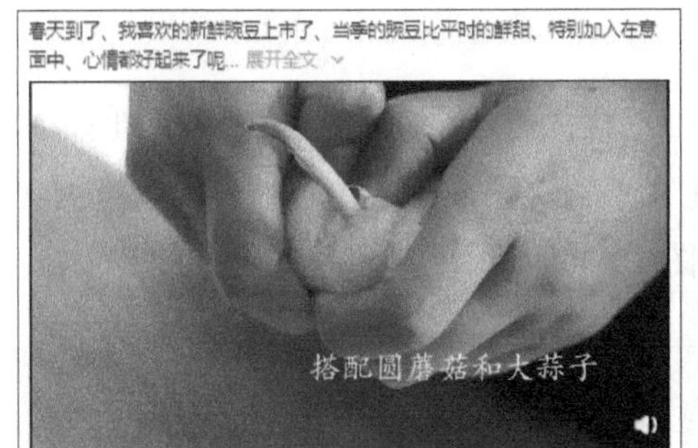

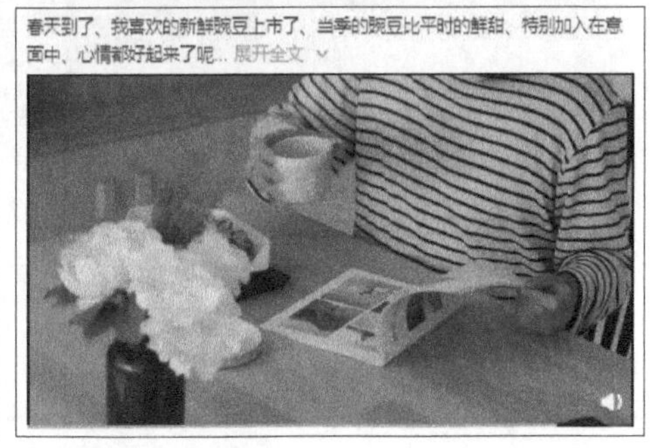

▲ 图 10-6　开门见山式的 Vlog 视频

10.2.2　悬念开头法

抖音上有很多视频是以悬念（疑问）为开头的，比如“这 4 种怀孕的症状你有吗？”“短视频变现的方法你知道多少？”类似这样的疑问，能勾起读者的兴趣。

图 10-7 所示，就是抖音上以悬念式开头的 Vlog 短视频，然后在视频的中间或结尾部分再公布答案，以保证视频的完播率。

▲ 图 10-7　以悬念式开头的 Vlog 短视频

10.2.3 花絮开头法

有一些 Vlog 视频是以花絮为开头的，这样的视频一般都是长视频，比如 30 分钟至 1 个小时左右，首先让大家通过花絮了解这段视频的精彩内容，以吸引观众的眼球，然后再慢慢地开始播放正文。图 10-8 所示，就是一种花絮式的开头法。

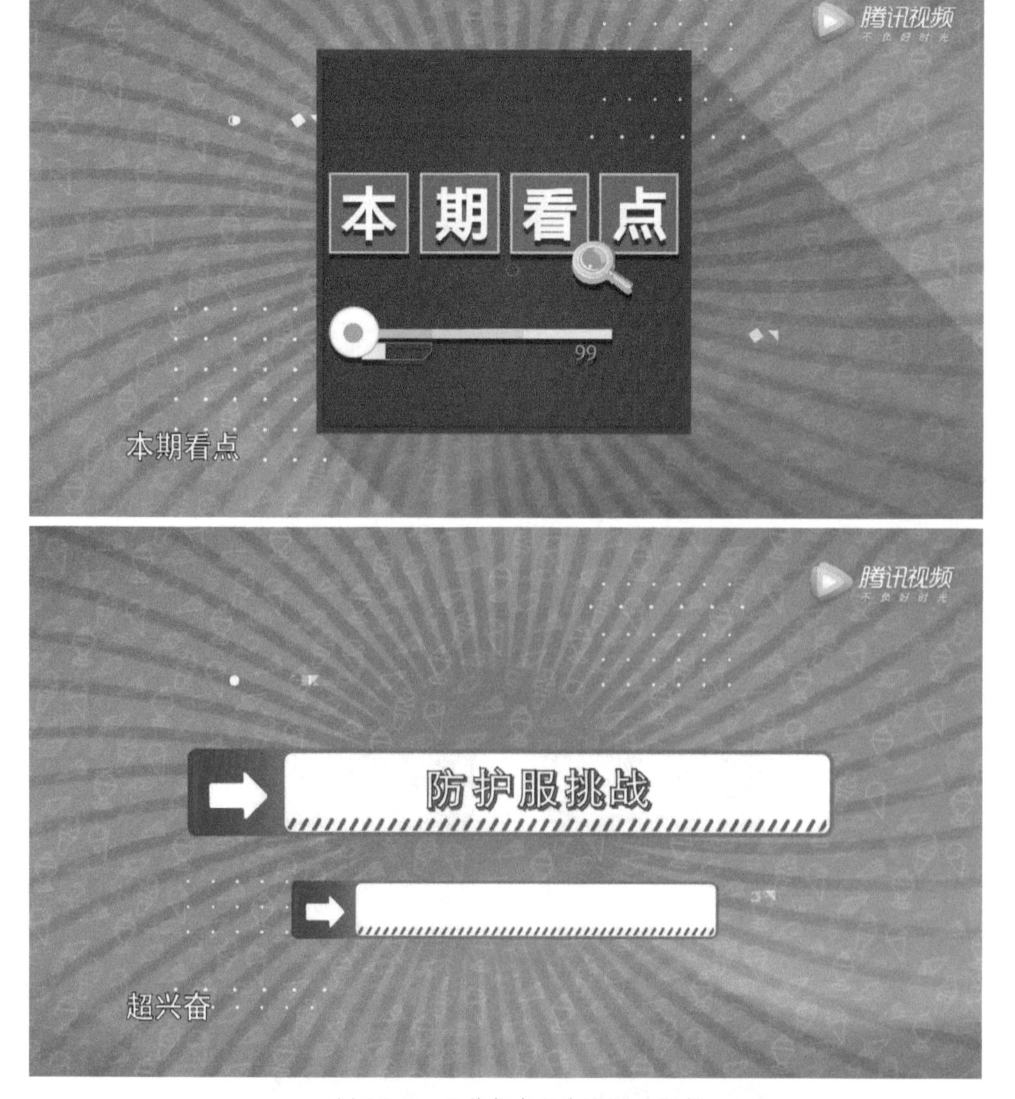

▲ 图 10-8 以花絮式开头的 Vlog 视频

第11章 结尾——如何设计Vlog的结束

11.1 固定仪式感的结尾

Vlog 的结尾非常重要，合理地利用好结尾，可以让观众记住你，对你印象深刻，还能吸引他们下次再过来看你的 Vlog 视频，这样粉丝就会慢慢地聚集起来了。本节主要介绍固定仪式感的结尾类型，一种是以黑幕为结尾，另一种是以动态文字来结尾，此外还会教大家如何使用 APP 制作结尾的效果，希望大家熟练掌握本节内容。

11.1.1 以黑幕为结尾

以黑幕为结尾是指画面从正常的亮度慢慢地变黑，直至 Vlog 视频结束。图 11-1 所示，为以黑幕式结尾的 Vlog 视频的结尾，就是让画面慢慢淡化为黑幕的结尾效果。

▲ 图 11-1　以黑幕式结尾的 Vlog 效果

11.1.2 以动态文字来结尾

还有一些 Vlog 视频是以动态的文字效果来结尾的，比如“咱们下期再见”“下一顿饭，再见”“感谢大家的收看”等，这种结尾方式也属于固定仪式感的结尾，在 Vlog 视频中比较常见。

图 11-2 所示，就是我制作的美食 Vlog 的结尾效果，背景是视频画面，然后在画面中添加了相应的文字效果，文字是以动态的方式呈现出来的。

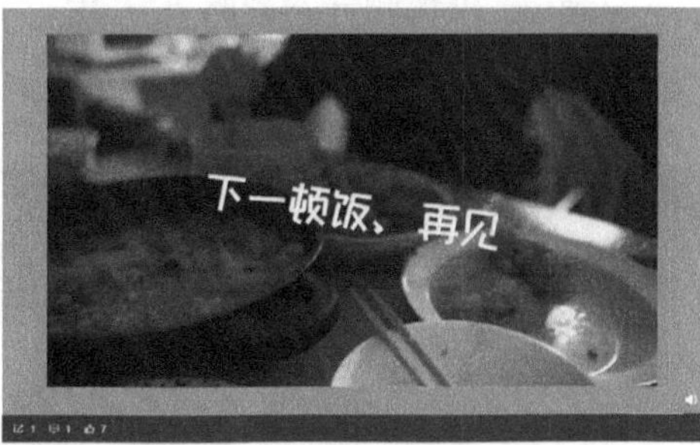

▲ 图 11-2 以动态文字来结尾的 Vlog 效果

上面呈现给大家的那种动态文字结尾效果，是在原本视频画面的基础上进行设计的，还有一种结尾的动态文字是在黑幕背景上进行设计的，观众也比较喜欢看，如图 11-3 所示。结尾的文字具有互动性，可以引导大家关注、点赞以及评论等。

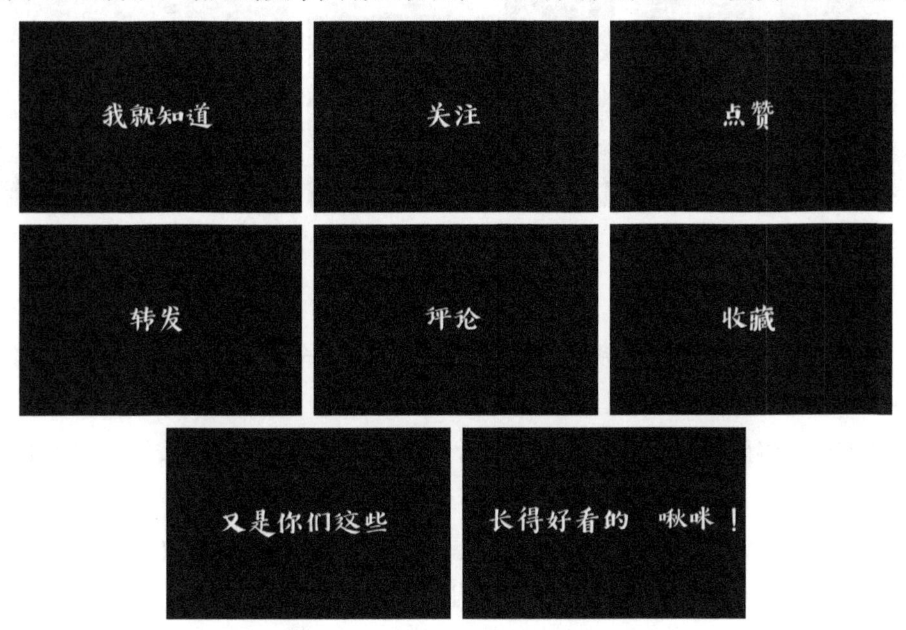

▲ 图 11-3 在黑幕背景上设计动态文字

11.1.3 运用 APP 制作结尾的方法

上面介绍了几种固定仪式感的结尾效果，下面以剪映 APP 为例，向大家介绍运用 APP 制作 Vlog 结尾效果的具体方法。

步骤 01 打开剪映 APP，点击“开始创作”按钮，如图 11-4 所示。

步骤 02 打开“照片视频”素材库，❶ 选择录制的多段视频；❷ 点击“添加到项目”按钮，如图 11-5 所示。

步骤 03 将视频导入剪映 APP 中，❶ 将时间线移至最后；❷ 点击右侧的“加号”按钮，如图 11-6 所示。

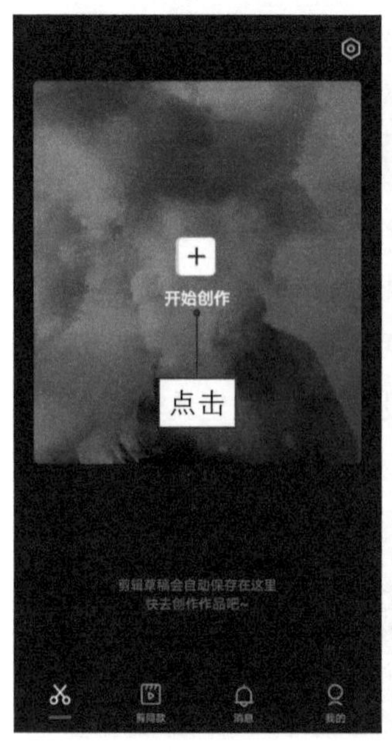

▲ 图 11-4 点击“开始创作”按钮

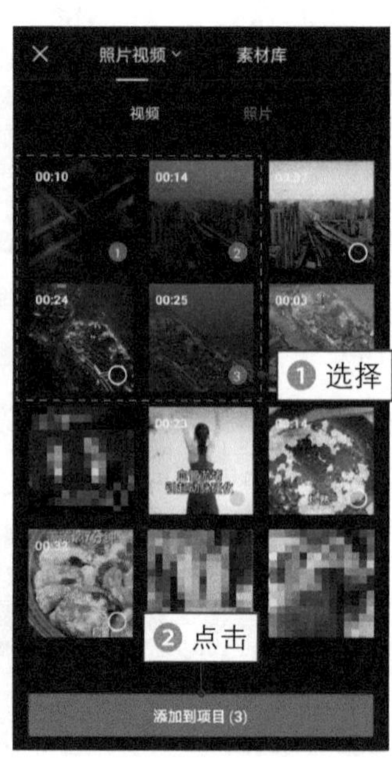

▲ 图 11-5 点击“添加到项目”按钮

▲ 图 11-6 点击“加号”按钮

步骤 04 打开“照片视频”素材库，❶ 选择一张全黑的图片，作为黑幕背景；❷ 点击“添加到项目”按钮，如图 11-7 所示。

步骤 05 将黑色图片导入视频轨最后，点击前面的“转场”按钮，如图 11-8 所示。

步骤 06 打开“基础转场”面板，❶ 选择“闪黑”转场特效；❷ 设置“转场时长”为 1.5s；❸ 点击下方的“对勾”按钮，确认添加“闪黑”转场效果，如图 11-9 所示。

▲ 图 11-7　选择一张全黑的图片

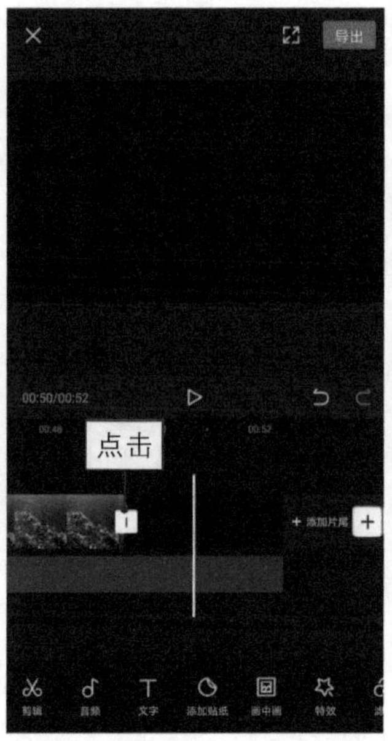

▲ 图 11-8　点击“转场”按钮

▲ 图 11-9　点击“对勾”按钮

步骤 07 点击预览窗口下方的“播放”按钮，预览添加“闪黑”后的画面特效，这就是最简单的以黑幕为结尾的效果，如图 11-10 所示。

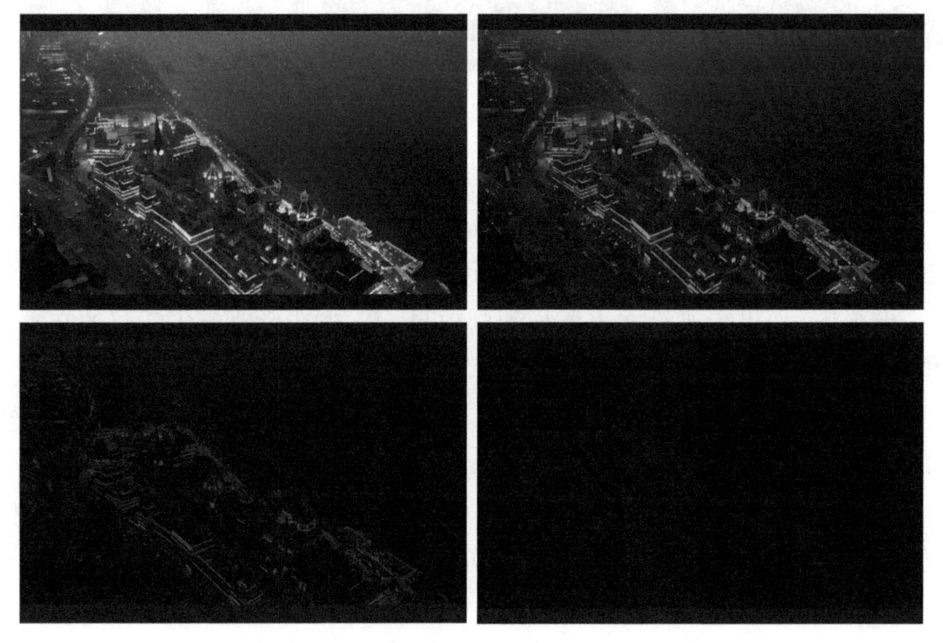

▲ 图 11-10　预览添加“闪黑”后的画面特效

步骤 08 ❶ 将时间线移至黑色图片对应的起始位置；❷ 点击下方的“文字”按钮 T，如图 11–11 所示。

步骤 09 弹出相应功能按钮，点击“新建文本”按钮 A+，如图 11–12 所示。

步骤 10 进入文字编辑界面，❶ 输入相应文本内容；❷ 设置字体样式；❸ 点击“对勾”按钮，如图 11–13 所示。

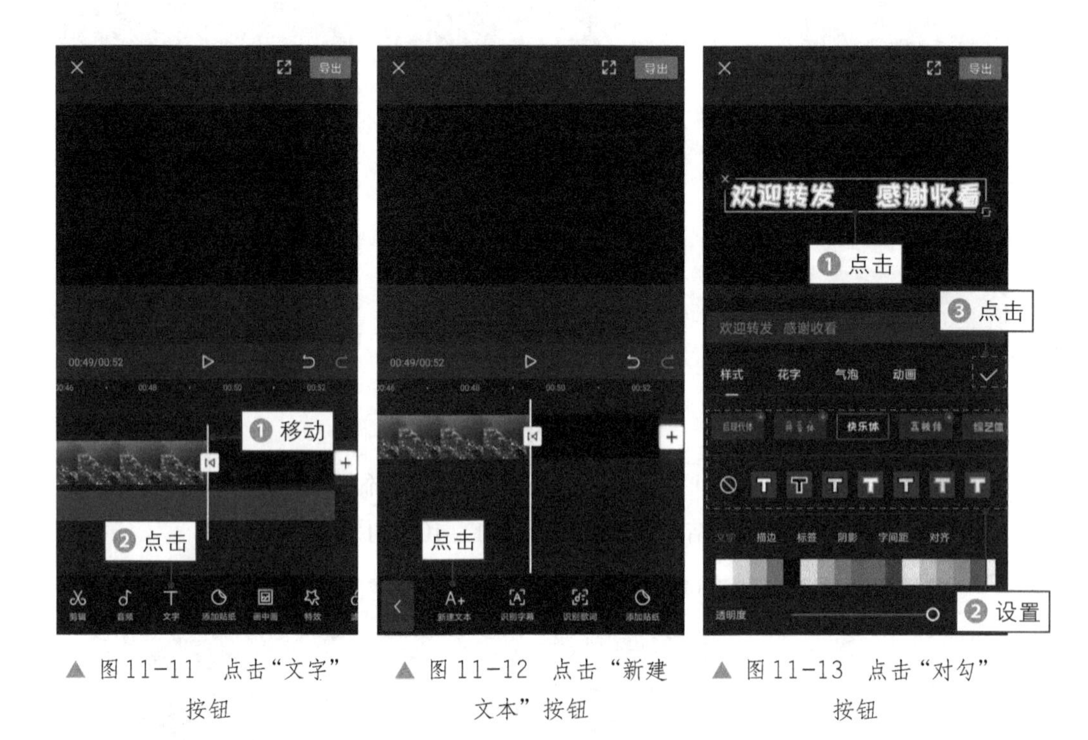

▲ 图 11–11 点击“文字”按钮

▲ 图 11–12 点击“新建文本”按钮

▲ 图 11–13 点击“对勾”按钮

步骤 11 返回视频编辑界面，此时新建的文本显示在黑色图片的下方，这就是以文字来结尾的效果，如图 11–14 所示。

步骤 12 如果需要给文本添加动画效果，❶ 先选择轨道中新建的文本；❷ 点击下方的“动画”按钮，如图 11–15 所示。

步骤 13 打开“入场动画”面板，点击“螺旋上升”动画效果，如图 11–16 所示。

步骤 14 点击右侧的“对勾”按钮，确认文本动画效果，点击“播放”按钮，预览制作的动态文字效果，如图 11–17 所示。

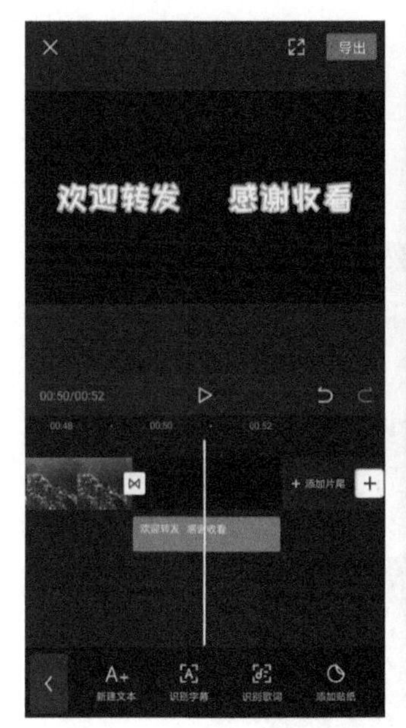

▲ 图 11-14 以文字来结尾的效果

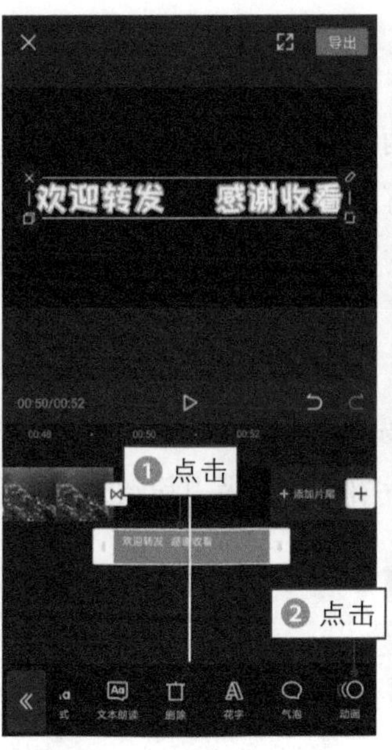

▲ 图 11-15 点击"动画"按钮

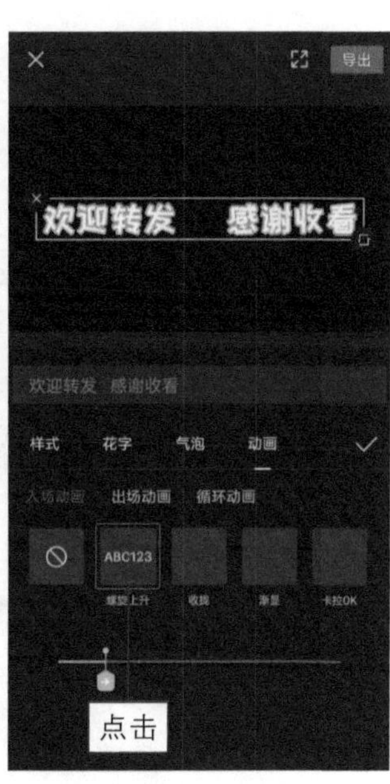

▲ 图 11-16 点击"螺旋上升"效果

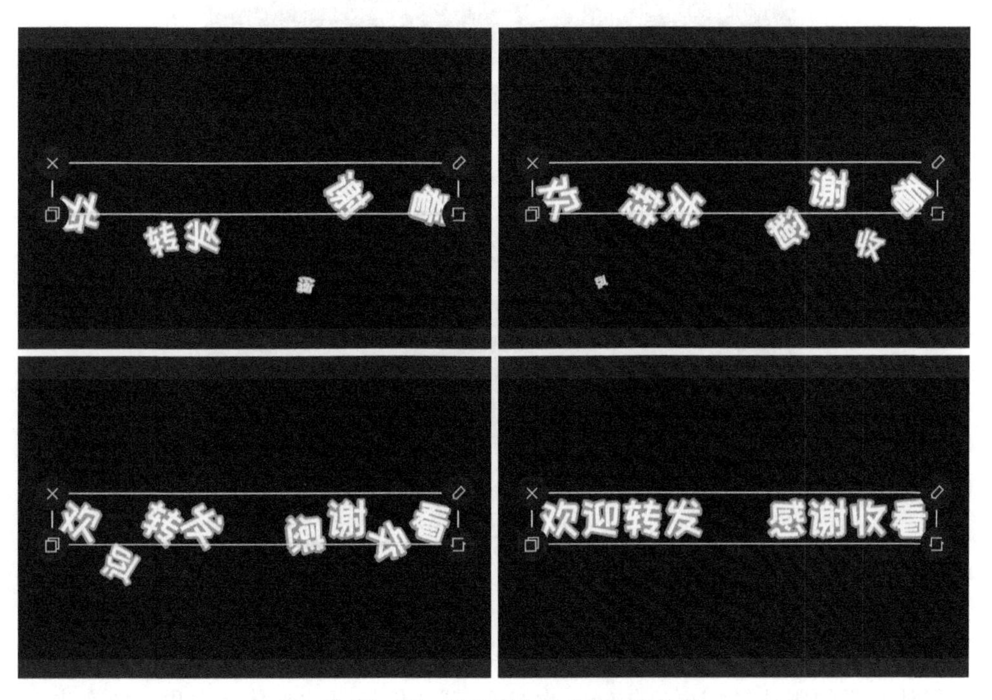

▲ 图 11-17 预览制作的动态文字效果

11.2 比较有吸引力的结尾

上一节向大家介绍了两种固定仪式感的结尾效果，除了这种比较基础的结尾方式以外，还有一些比较有吸引力的 Vlog 结尾方式，能更好地吸引观众回看。本节介绍 4 种比较有创意的 Vlog 结尾方式，希望大家熟练掌握本节内容。

11.2.1 下集预告

有些 Vlog 在结束的时候，会播放下一集的预告，告诉大家下一集要讲的内容，来吸引观众查看下集，这一招有利于吸引粉丝关注自己，如图 11-18 所示。

▲ 图 11-18 以下集预告的方式来结尾

11.2.2 提问式结尾

有一些 Vlog 在结尾的时候会设计一些提问，比如“下一期想吃什么？”“你觉得什么样的服装搭配更显年轻？欢迎留言”“你最喜欢吃什么水果？留言告诉我”“您觉得这一期的内容还有哪些需要改进的？”等，这一系列的提问，也是与观众的一种互动，方便我们更好地优化短视频内容，也能更好地提升粉丝的黏性，如图 11-19 所示。

▲ 图 11-19　提问式结尾

11.2.3　抽奖福利

有一些 Vlog 视频的结尾会设计一些抽奖的福利，送给观众和粉丝，如图 11-20 所示。这样做的好处是提升粉丝的好感度与黏性，让他们喜欢看你的 Vlog 短视频，并且会关注你下次什么时候再发 Vlog 视频，同时也能提升 Vlog 的完播率。

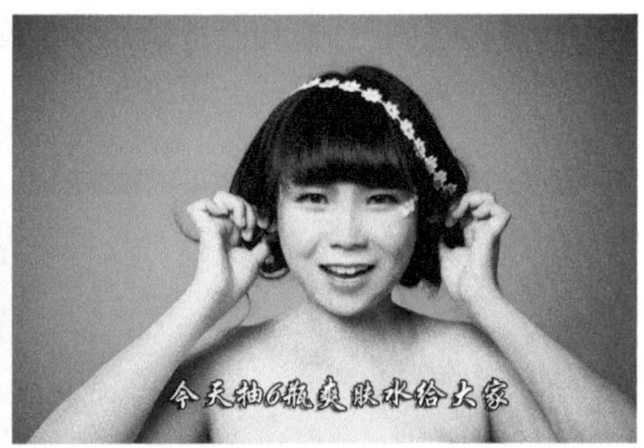

▲ 图 11-20　抽奖福利式结尾

11.2.4　祝福式结尾

当我们制作的 Vlog 主题是与节日有关的时候，可以在结尾处说一些祝福的话，祝福式结尾可以给观众一种美好的感受，比如“春节愉快”“元宵节平安、幸福”“情人节快乐”等。图 11-21 所示，为春节与元宵节 Vlog 的祝福式结尾。

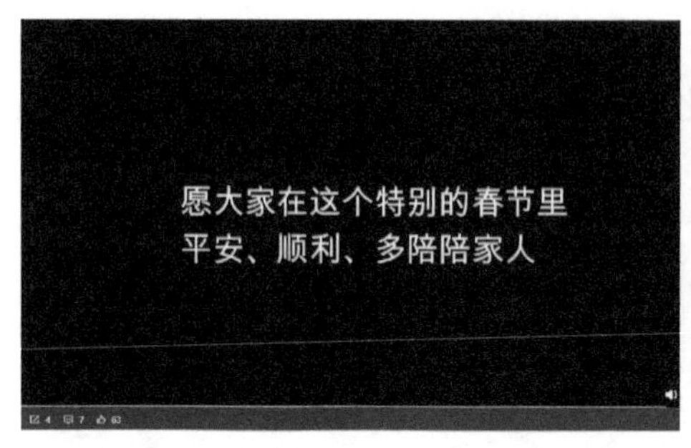

▲ 图 11-21　春节与元宵节 Vlog 的祝福式结尾

11.3　在结尾处留下联系方式

还有很多 Vlog 会在结尾处留下自己的联系方式，比如微博账号、微信号、公众号等，给自己的平台引流，建立自己的私域流量，这也是非常重要的一个操作。另外，还有一些 Vlog 在结尾处会引导读者评论、点赞，这样的互动效果也不错。本节主要介绍在结尾处留下联系方式的操作，帮助大家更好地引流、涨粉。

11.3.1　引导读者评论、点赞

引导观众或粉丝评论、点赞，可以提升 Vlog 视频的热度，一般以这种方式结尾的 Vlog 视频，评论和点赞量都会比较高，这就是引导的作用。图 11-22 所示，为引导读者评论、点赞的结尾案例。

▲ 图 11-22　引导读者评论、点赞

11.3.2　留下微博等媒体账号

在 Vlog 的结尾处留下 B 站、微博、微信公众号等账号，可以为自己的新媒

体平台更好地引流、涨粉，引导观众去关注自己，这也是吸引粉丝最常用的方法。图 11-23 所示，就是我在微博发布 Vlog 视频的时候，在结尾处添加的媒体账号信息。

▲ 图 11-23　在结尾处添加的媒体账号信息

第12章 封面——如何设计才具吸引力

12.1　掌握优质封面的 6 个技巧

在设计 Vlog 的封面之前，我们需要先掌握优质封面的 6 个技巧，以及设计封面时的注意事项，这样可以帮助我们设计出更多吸引观众眼球的 Vlog 封面效果。

12.1.1　尽量避免纯文字

纯文字的封面效果需要搭配足够吸引人的话题文案，如果是普通的文字，人们一般不会点击，这会让你白白错过了曝光的机会。所以，我们在设计 Vlog 封面效果时，要尽量避免纯文字的效果。

图 12-1 所示，为纯文字类的封面效果，整个文字背景黑黑的，是不是吸引力不太够？如果文案标题还写得一般，那基本没什么点击量了。我们在设计 Vlog 封面效果的时候，也要以读者的角度去思考：什么样的封面才具有吸引力。

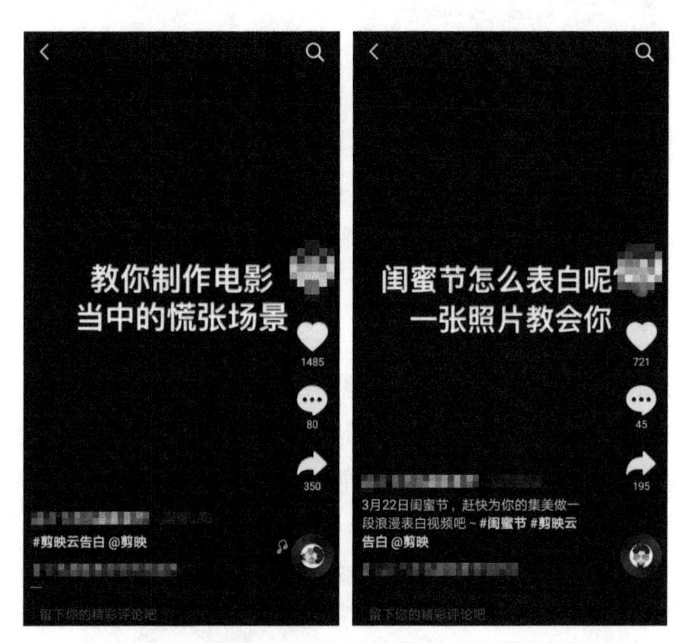

▲ 图 12-1　纯文字类的封面效果

12.1.2　封面保证画面整洁

很多小伙伴喜欢在封面上写很多信息，堆积很多花哨的元素，这种堆砌会让整个封面没有重点，降低了封面的美观度。我们在设计 Vlog 封面的时候，务必要注意保持画面简洁、明了，因为给人的第一感觉很重要。

图 12-2 所示，左图的封面设计比较花哨，字的内容多、颜色多，给人一种眼花缭乱的感觉；右图用的都是风景图片作为 Vlog 封面，画面比较整洁，给人一种清爽、舒适的感觉。

▲ 图 12-2　花哨的封面与整洁的封面对比

12.1.3　图片完整清晰

封面是视频的门面，图片和文字标题都是信息的载体，标题要说明重点信息，要简洁明了，图片要保证像素清晰，这是最基本的要求。图 12-3 是我在微博发布的美食 Vlog 封面，不仅图片清晰，标题也简单明了。

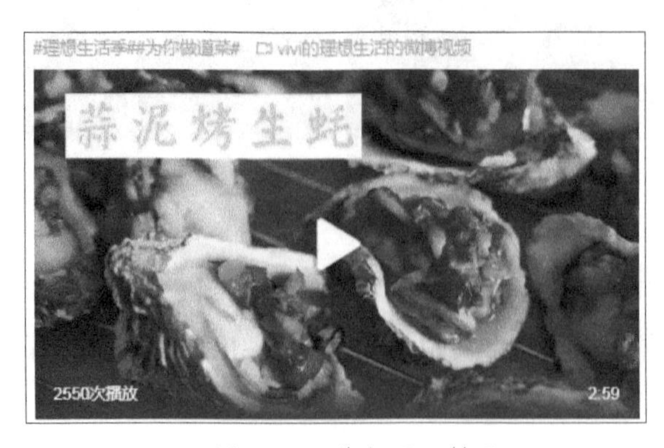

▲ 图 12-3　美食 Vlog 封面

12.1.4　封面与正文强关联

一般情况下，如果观众对你的封面内容感兴趣，那他也会对你的正文内容产生期待，从而点开你的 Vlog 视频。但是，如果打开视频后，发现内容和封面信息毫无关联，观众就会有一种受欺骗的感觉，从而对你产生不好的印象。所以，千万不要为了蹭热点而胡乱制作封面，这样容易让观众产生认知模糊，从而流失用户。

图 12-4 所示，封面的漫画图片与标题遥相呼应，与视频内容也紧密关联，这样的封面效果会给观众留下深刻的印象。

▲ 图 12-4　封面与正文强关联

图 12-5 所示，为我在微博发布的开店日常 Vlog 封面，与正文内容都是强关联的。

▲ 图 12-5　日常开店 Vlog 的封面

12.1.5 画风统一能强化 IP 形象

让 Vlog 封面统一为一种固定的形式，可以更好地帮助用户养成观看的习惯，直接利用 IP 形象或者添加品牌元素，可以最快速地形成自己的风格。并非指所有封面都要一个类型，而是通过一些元素的使用，让封面具有一定的标志性。

图 12-6 所示，这两个账号中的 Vlog 视频都有一些相同的元素，左图是以人物作为 IP 形象，展示在每个封面的左上角；右图是文字图形展示在每个视频封面的上方。当观众一看到视频，就知道是你发布的，这就是封面具有一定的标志性的作用。

▲ 图 12-6 通过一些相同的元素让封面具有一定的标志性

12.1.6 封面尺寸符合平台规则

常见的视频媒体平台，如抖音、快手等，都有自己的尺寸要求，如果你的 Vlog 视频要上传到多个不同的平台，建议你千万不能偷懒，不同尺寸的封面都要做。不然，你好不容易制作好的封面，会被这些媒体平台裁剪得很丑。

12.2 熟知封面设计的 5 种类型

现在是短视频时代，大部分的人打开手机看得最多的就是短视频。在千万个视频中，观众为什么要打开你的？视频的封面是观众对你的第一印象，直接决定了他对你是否感兴趣，决定了他要不要打开你的 Vlog 作品。我在观察了 1000 多个视频封面后，总结出了 5 种 Vlog 封面的风格，本节将向大家进行详细介绍。

12.2.1　视频截图类封面

这类封面是直接从 Vlog 视频中截图某个画面，一般会加上一个简单的标题或者字幕，让人一目了然，常见于各种生活记录的 Vlog 作品。

视频截图类的封面，它的优点是从封面就可以直接看到 Vlog 的风格和大致内容，观众如果感兴趣就会打开观看；而缺点是截图很容易模糊，会影响观感，降低画面的质量，而且截图还需要选择比较好看的画面，需要精心挑选。

图 12-7 所示，就是从视频内容中截图的封面效果，这位作者是一位无人机航拍师，也是《无人机摄影与摄像技巧大全》一书的作者，抖音中发布了很多实拍的视频作品。

▲ 图 12-7　从视频内容中截图的封面效果

12.2.2　自拍类封面

有一些博主会直接用一张简单粗暴的自拍照作为视频的封面，使用这种方式要么是你长得特别美，或者长得很有特点，再搭配一句用心的好标题，能充分激发人们的好奇心。

自拍类的封面，它的优点是简单粗暴、省时省力，适合 3 类人：第一，有一定的粉丝基数；第二，长得漂亮；第三，长得很有特点。它的缺点是只有一张自拍照，画面过于单调，会让人觉得不够精致，一旦不符合以上 3 点要求，就很容易影响 Vlog 视频的打开率，而且看久了会让观众产生审美疲劳。

图 12-8 所示，就是自拍类的视频封面效果，因为这位博主本来就长得帅气，所以也很吸引观众的眼球。

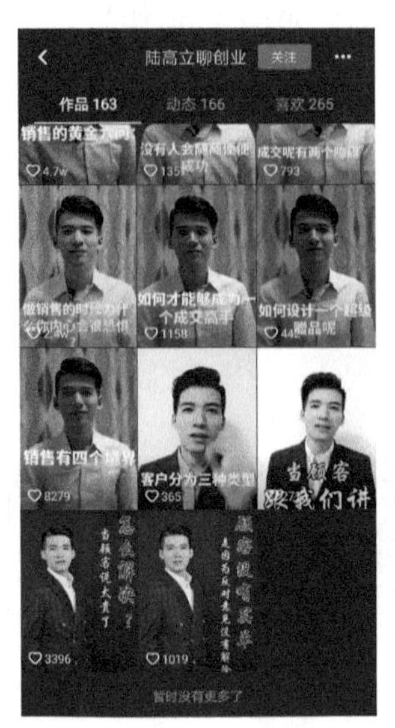

▲ 图 12-8　自拍类的视频封面效果

12.2.3　表情包类封面

表情包类的封面一般会使用大热点或流行语，常用于各种幽默或搞笑轻松的 Vlog 视频中，可以帮助你在众多同类博主中脱颖而出，如图 12-9 所示。

▲ 图 12-9　表情包类的封面效果

表情包类的封面，它的优点是结合热点进行设计，在短时间内会给你带来很多的点击量，而且如果你本身走的就是搞笑轻松类的路线，那就和你的人设很搭；它的缺点是这种热点来得快去得也快，如果经常用的话，会让人失去新鲜感，让人感觉你的内容内涵度不够，而且容易形成审美疲劳。

12.2.4　固定模板类封面

有一类视频会使用固定的模板来制作封面，让每一期的视频看起来风格统一。图 12-10 所示，就是固定模板类的视频封面效果。

▲ 图 12-10　固定模板类的视频封面效果

固定模板类的封面，它的优点是可以让视频的风格统一，增加博主的辨识度，能帮助用户养成观看的习惯，形成自己独特的视觉符号；它的缺点是固定的模板会让人出现审美疲劳。所以，不同类型的封面都有各自的优点与缺点。

12.2.5 三图组合类封面

随着短视频的不断发展，抖音上有一些博主会对视频的封面进行一些创意设计，使自己的抖音作品看上去更加有新意。图 12–11 所示，这位博主的封面就比较有创意，将 3 个小视频的封面组合设计出了一个整体的封面，展现出了封面更多的内容，使短视频更富有创意，更能吸引观众的眼球。

▲ 图 12-11 三图组合类的封面效果

在设计这类封面的时候，我们可以在 Photoshop 软件中进行操作，将 3 个封面的尺寸相加，得到一个完整的大封面。做好封面效果之后，再将这个大封面分别裁成 3 张小图封面，导入相应的视频中进行封面排版即可。

12.3 爆款封面：人脸 + 标题党 + 大字

什么是封面？封面＝图＋字。什么是爆款封面？那就是人脸＋标题党＋大字，这样的封面最吸引观众的眼球，能够引导观众打开你的视频。本节主要针对爆款封面中的人脸、标题党以及大字这 3 个元素进行详细的讲解，帮助大家更好地理解封面设计。

12.3.1　人脸第一

在上一节内容中，我们讲过自拍类的封面，自拍的主要内容就是人脸，人脸就是爆款封面中最重要的一个元素。要想打造出爆款封面，就要坚持人脸第一的原则。

现在，很多短视频的封面都是以人脸为主的，那些大博主发布的 Vlog 短视频封面，也基本上都是以人脸为主。图 12-12 所示，这是一位短视频运营类博主，他的封面照片拍得很帅，真人出镜会让观众觉得博主很有亲近感，能快速地建立起与粉丝之间的信任。

▲ 图 12-12　人脸的爆款封面

12.3.2　标题快、准、狠

封面上的字是很重要的，通过上面展示的图中，我们可以看出，封面上的标题文字快、准、狠，直抵用户的需求，而且标题是经过精心设计的，每一个关键字都是团队精心打造出来的。标题位置都在人脸下方，位置也很统一。

例如，有一个标题是“宝宝发烧症状”的视频，一看就是育儿的短视频，那么宝妈们肯定会点进去看，而没有生宝宝的人肯定不会看，这样也能使博主更快地抓住精准粉丝，粉丝定位很明确。

12.3.3 字体稍大

爆款封面不仅要有漂亮的人脸，还要有快、准、狠的标题文字，这个标题文字还必须足够大，才能醒目。图 12–13 所示，这几个封面的标题文字不仅醒目，还特别吸引观众的眼球，让人有想打开视频一看究竟的欲望，这样的封面就是比较好的封面。

▲ 图 12–13　标题上的字体一定要醒目

12.4 使用黄油相机制作视频封面

各种手机后期修图 APP 可以说是五花八门、功能强大，但能将“照片加字”做到极致的就极少了，黄油相机则是这类应用中非常值得一试的精品应用。黄油相机可以非常方便地在照片上添加各种极具文艺清新范的文字和图案，快速提升照片的吸引力。本节主要向大家介绍使用黄油相机制作视频封面效果的操作方法。

12.4.1 裁剪照片的尺寸

我们在设计封面的时候，尺寸一定要符合平台的规定。以抖音平台为例，该平台适合的封面尺寸为 9∶16，下面介绍在黄油相机中将照片裁剪成 9∶16 尺寸的方法，具体操作步骤如下。

步骤 01 打开“黄油相机”APP，点击主界面下方的“选择照片”按钮，如图 12-14 所示。

步骤 02 打开手机相册，在其中选择需要导入的照片素材，这里选择一张人像照片，如图 12-15 所示。

步骤 03 执行操作后，进入照片编辑界面，在下方点击“布局”按钮；在展开的面板中点击“画布比”按钮，如图 12-16 所示。

▲ 图 12-14　点击“选择照片”按钮

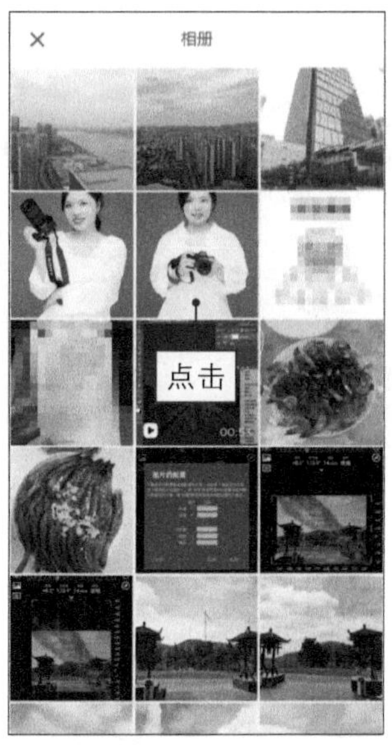

▲ 图 12-15　选择照片素材

步骤 04 弹出相应面板，其中提供了多种照片的裁剪尺寸和比例，这里点击 9∶16 的裁剪尺寸，此时照片便被裁剪成 9∶16 的尺寸，在预览窗口中调整照片的裁剪区域；点击右下角的“对勾”按钮，确认照片的裁剪操作，如图 12-17 所示。

步骤 05 返回相应界面，点击右上角的“下一步”按钮，如图 12-18 所示。

步骤 06 进入相应界面，点击下方的“保存”按钮，即可保存裁剪后的封面效果，如图 12-19 所示。

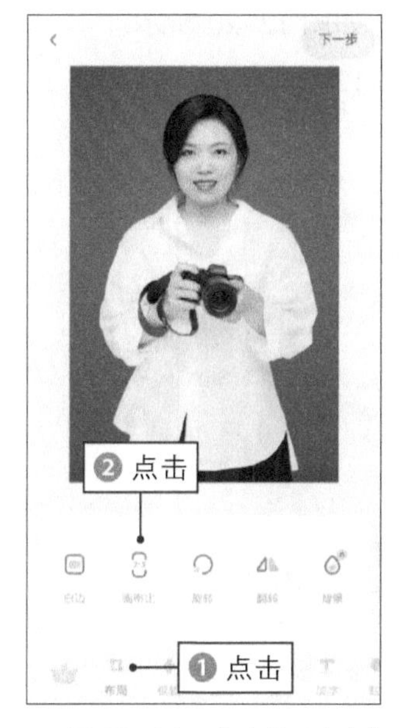

▲ 图 12-16　点击“画布比”按钮

▲ 图 12-17　调整照片的裁剪区域

▲ 图 12-18 点击“下一步”按钮

▲ 图 12-19 点击“保存”按钮

12.4.2 制作醒目的标题文字

黄油相机的文字编辑功能非常强大，下面介绍封面添加标题文字的操作方法。

步骤 01 在 APP 界面中，点击下方的“加字”按钮，如图 12-20 所示。

步骤 02 弹出相应面板，点击“新文本”按钮，如图 12-21 所示。

▲ 图 12-20 点击“加字”按钮

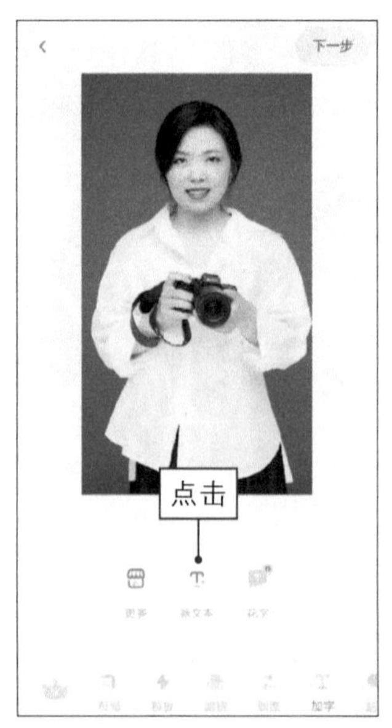

▲ 图 12-21 点击“新文本”按钮

▲ 图 12-22　进入文本编辑界面

▲ 图 12-23　点击“对勾”按钮

▲ 图 12-24　更改标题字体样式

▲ 图 12-25　加上白色描边效果

步骤 03 执行操作后，进入文本编辑界面，如图 12-22 所示。

步骤 04 ❶ 点击预览窗口中的文本框；❷ 输入相应标题内容；❸ 点击右下角的“对勾”按钮，如图 12-23 所示。

步骤 05 确认标题输入操作，点击相应字体，可以更改标题字体样式，如图 12-24 所示。

步骤 06 切换至格式设置面板，点击“描边”按钮，给文字加上白色的描边效果，使标题文字更加醒目，如图 12-25 所示。

步骤 07 ❶ 点击“背景”按钮，可以给标题加一个白色的背景，这样标题文字就更加显眼了；❷ 点击右下角的“对勾”按钮，确认文本的格式设置，如图 12-26 所示。

步骤 08 返回相应界面，点击右上角的“下一步”按钮，进入相应界面，点击“保存”按钮，对封面效果进行保存操作即可，如图 12-27 所示。

▲ 图 12-26 点击“对勾”按钮

▲ 图 12-27 点击“下一步”按钮

12.4.3 使用贴纸装饰封面效果

黄油相机中的贴纸功能也非常好用，下面介绍将贴纸效果应用在封面上的方法。

步骤 01 点击“贴纸”面板中的“贴纸”按钮，如图 12-28 所示。

步骤 02 弹出相应面板，其中提供了多种不同的贴纸类型，如图 12-29 所示。

▲ 图 12-28 点击“贴纸 ”按钮

▲ 图 12-29 弹出相应面板

步骤 03 选择一种卡通小星星贴纸，如图 12–30 所示。

步骤 04 将该贴纸移至封面的合适位置，即可添加贴纸，效果如图 12–31 所示。

▲ 图 12–30　选择一种卡通贴纸

▲ 图 12–31　添加贴纸效果

第13章 主题——如何拍出发光的日常

13.1　如何拍日常感的 Vlog

日常感的 Vlog 就是用视频记录自己一天中的故事，将故事的前因后果都拍摄出来，用视频内容去打动观众。本节主要以日常生活为主题，介绍日常感 Vlog 的拍摄技巧，可以帮助大家拍出好看的日常 Vlog 视频。

13.1.1　自己出镜

很多日常感的 Vlog 都有博主自己出镜的镜头，这种镜头有一种专门的名字，叫 A-ROLL。大家应该看到过很多 Vlog 视频的开头都有一个人在说话，比如"我现在在做什么""我今天去了哪里""我今天吃了哪些好吃的美食"等，这些都属于 A-ROLL 的部分。A-ROLL 是 Vlog 视频中的精髓，我们要好好地运用这个部分。

图 13-1 所示，就是某博主自己出镜的 Vlog 画面，可以给人一种真实感、信任感。

▲ 图 13-1　某博主自己出镜的 Vlog 画面

在有一些 Vlog 视频中，首先拍的是博主自己出镜的镜头，当博主在视频中说完"我现在在看日出"这样的话时，接下来镜头会转到日出风景的画面，给大家看日出的风光。这种拍自己以外的镜头，我们叫 B-ROLL。

上面向大家介绍了两个概念，A-ROLL 和 B-ROLL，我们在拍摄 Vlog 的时候，要记住 A-ROLL 的镜头一定要多于 B-ROLL 的镜头。一整段 Vlog 下来，大部分应该是你在说、你在做，只有一小部分的镜头是在拍别人，以介绍你自己的日常生活为主。所以，要让大家看到你在干什么，你的真实生活是怎样的。

13.1.2 一定要有主题

如果你的 Vlog 只是拍一些起床、刷牙、吃早餐、逛街等，这种没有主题的日常 Vlog 就不太吸引人，很少有人喜欢看，除非你长得特别漂亮，或者本身拥有一定的粉丝群体，别人才会对你的日常生活感兴趣。

所以，如果你要拍日常感的 Vlog，就一定要想一下，别人看完了你的视频能留下什么印象，觉得你是一个什么样的人。只要你的 Vlog 中有一个点是能打动别人的，就足够了。比如，你在拍厨房的时候，每一个厨具都很精致、干净，给人一种很舒服的感觉，这也算是 Vlog 中吸引人的一个点。

图 13-2 所示，这段日常 Vlog 的主题就是情人节幸福的一天，给人一种甜蜜感。

▲ 图 13-2 情人节幸福的一天

13.1.3　多用视频镜头语言

在前面的内容中，我们学习过运镜的多种拍摄手法，以及多角度的镜头拍摄技巧，在日常感的 Vlog 拍摄中，我们要灵活地运用各种运镜技巧，在 Vlog 中展示多种镜头语言，丰富视频画面。

图 13-3 所示，这段日常感的 Vlog 画面中，包含多种运镜技巧，如背面、侧面的拍摄角度，以及特写、近景的拍摄手法，这样展现出来的镜头语言更加丰富，视频画面更加吸引观众的眼球。

▲ 图 13-3　多用视频镜头语言

13.2 如何拍美食类的 Vlog

在拍摄美食 Vlog 之前，我们要清楚自己的定位，就是你为什么要拍这个 Vlog？目前，美食类的 Vlog 主要有两种类型，一种是美食教学，教别人如何制作美食，用 Vlog 全程记录美食的制作过程；另一种是展现亲近感的生活记录，主要是拍摄自己日常的饮食生活。定位不一样，拍摄的目的就会不一样，所以拍摄之前，要先做好你的定位。

如果是美食教学类的 Vlog 视频，那么就要多展示你的美食制作步骤，比如先放酱油，然后放醋，再放各种调料和配菜等；如果只是展示自己的一些美食生活记录，那么大部分的人都可以成为你的粉丝，这个内容是不分年龄阶段的。

拍摄这种美食生活记录类的 Vlog 时，就要少展示美食的制作步骤，多讲一讲自己的一些感受，比如这个甜点是什么口味的，吃到嘴里是什么样子的。作为一个美食博主，不一定要自己会做美食，只要你会品尝美食就行了。

在拍摄美食 Vlog 之前，我们也是需要设计脚本思路的，下面以我的拍摄经验为例，向大家介绍拍美食 Vlog 的具体流程与方法。

13.2.1 食材篇的拍摄

食材篇的拍摄，主要包括几个步骤，如菜市场选购菜品、介绍食材的特别之处、开冰箱拿出菜、洗菜以及切菜等，下面分别对各步骤进行相关讲解。

（1）做菜前，我们要去菜市场或者超市里面，选购新鲜的食材，如图 13-4 所示。在采购

▲ 图 13-4　去超市选购新鲜的食材

的过程中，博主可以讲一讲食材的特别之处，吸引观众的注意力。

（2）如果冰箱里面有你要的食材，那你可以拍摄打开冰箱拿出食材的过程。食材拿出来以后，接下来是洗菜、切菜的过程，如图 13-5 所示。我们可以通过不同的镜头语言来展示洗菜、切菜的画面，使视频内容更有吸引力。

▲ 图 13-5　洗菜、切菜的过程

13.2.2　道具篇的拍摄

道具篇主要包括选道具，那么制作美食的时候主要包括哪些道具呢？比如容器、工具、砧板等，以及相关的一些菜品盛放准备，如图 13-6 所示。

▲ 图 13-6　盛放菜品的工具

13.2.3　制作过程的拍摄

当我们准备好食材以后，接下来开始制作美食。制作美食的镜头主要包括灶头、开火、放油、放菜、放调料、放水以及炒菜动作等。图 13-7 所示，为制作虾蟹海鲜汤的过程，乳白色的高汤让人有想吃的欲望。

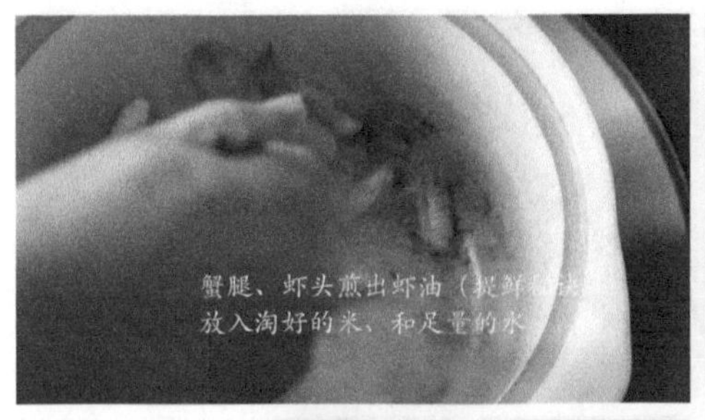

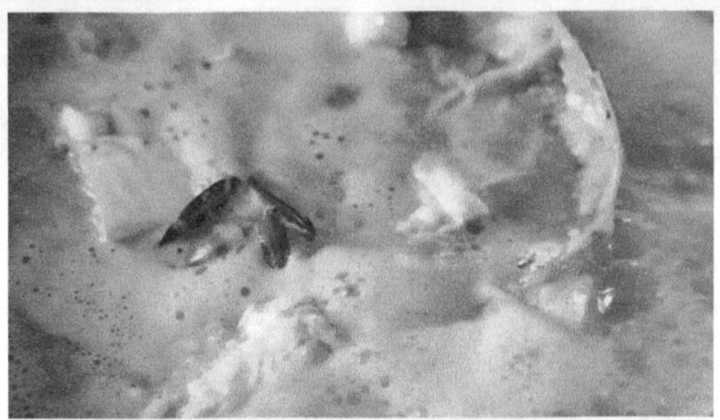

▲ 图 13-7 制作虾蟹海鲜汤的过程

13.2.4 享用美食的拍摄

享用美食篇主要包括哪些镜头呢？比如准备干净的餐具、将制作好的菜端上桌、招呼家人过来吃饭、一家人坐下来吃饭等镜头画面，然后使用不同角度的镜头来拍摄吃饭、夹菜的画面。吃饭的声音必不可少，这是最吸引观众的一个点。

我们在拍摄享用美食的画面时，可以使用固定镜头来拍摄，也可以使用移动镜头来拍摄。一家人整整齐齐地开始用餐，这是人生中最幸福的时刻，如图 13-8 所示。在这个快节奏的时代，能在家亲手做顿饭，和家人一起吃顿饭，这种幸福弥足珍贵。

▲ 图 13-8　享用美食的拍摄技巧

13.3　如何在 Vlog 中把人拍美

在 Vlog 视频中经常会出现人，这个人可能是我们自己，也可能是别人，不管是谁出镜，我们都希望把人拍得美美的。那么，有哪些把人拍美的技巧呢？本节将向大家详细介绍在 Vlog 中把人拍美的多种方法。

13.3.1 外在形象美

有些人的外在形象很美，本身就是美女或帅哥，长得很有观众缘，或者穿着打扮特别时尚，让人看着大饱眼福，这样的人本身先天条件就很好，那么你怎么拍都好看。图 13-9 所示，这位博主不仅人长得漂亮，摄影技术还特别棒，自然可以吸引观众眼球。

▲ 图 13-9 外在形象美丽的博主

13.3.2 有自己的特色

如果你本身长得不漂亮，但是只要你有自己的特色，那么观众就觉得舒服。比如，一个大叔每天把自己辛苦搬砖、养家糊口的样子录成视频发出来，也会有很多人看，而且大家都会觉得大叔很帅、很伟大，这就是有自己特色的 Vlog。

图 13-10 所示，抖音账号“我是田姥姥”的博主是一个搞怪的姥姥，视频幽默搞笑，能给大家带来快乐，缓解生活中的忧郁心情。那这样的人物就有自己的特色，大家在心里也会觉得这位姥姥很美。

▲ 图 13-10 有自己特色的人物

13.3.3 尽量化妆

化妆能遮掉脸上很多的瑕疵，化妆前与化妆后的对比效果如图 13-11 所示。

▲ 图 13-11 化妆前与化妆后的对比效果

所以，我们尽量化妆上镜，这样能提升整个人的气质，让人看上去更美。如果 Vlog 中的人物面容太憔悴或者气色不好，会引起粉丝的讨论，那么评论区的风向就变了，尤其是明星的 Vlog 短视频。

另外，因为镜头上的妆感会削弱，所以在五官的立体上需要适当加强，可以选择大地色的哑光眼影对眼睛的轮廓进行加强，让眼睛更深邃，在鼻子两侧、脸颊、颧骨下方可以按照自身脸型进行修饰，高光可以和修容一起搭配使用。

13.3.4 笑容抵御一切

俗话说“爱笑的人，运气都不会太差”，在短视频领域也一样，笑容能抵御一切，如果你长得不太好看，就一定要多笑，在视频中多笑一笑，通过表情去传达乐观、积极的心态，大家也会觉得你很美，如图 13-12 所示。

▲ 图 13-12　画面中爱笑的女孩

13.4 如何拍产品展示的 Vlog

我们拍产品展示类的 Vlog，主要的目的就是为了带货、变现。那么，如何才能拍出吸引人的产品广告 Vlog 呢?

产品类的 Vlog 主要包括两种类型，一种是硬性广告，直接展示、讲解产品的功能，就像某些电视上的广告，这些硬性广告都是广告公司精心设计的，非常专业，我们普通博主很难做出这样的硬广告效果。还有一种是软性广告，这种广告就适合我们这些博主来拍摄。本节主要介绍拍产品展示类 Vlog 的几种方式。

13.4.1 以故事情节来带货

有些博主在拍摄产品 Vlog 的时候，会先来讲一讲自己的故事，在故事情节中带入产品。图 13-13 所示，这是抖音上的一位美妆博主，主要做美妆产品，她每次在推荐产品的时候，都会先讲一些自己的故事，以自己的实际情况和使用效果，来进行产品的拍摄与带货，这样的 Vlog 显得真实，粉丝也更加相信博主，从而愿意购买博主推荐的产品。

▲ 图 13-13 以故事情节来带货

13.4.2　主播亲自试用来带货

有些产品厂家会请一些知名的网红主播来拍摄产品 Vlog，这样能借助主播的人气提高产品的销量。图 13-14 所示，就是网红主播为护肤产品带货的视频。

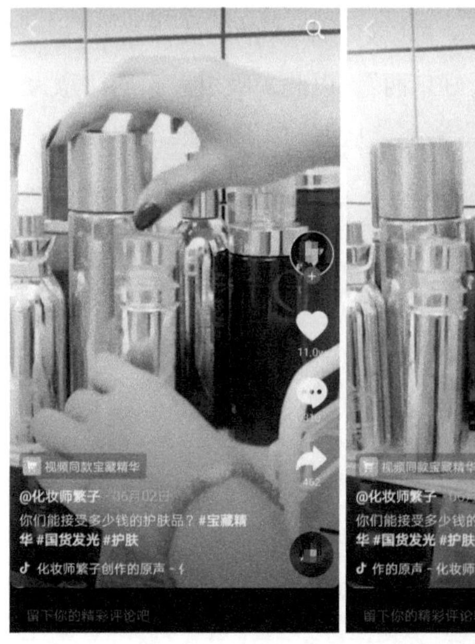

▲ 图 13-14　主播亲自试用来带货

13.4.3　以产品功能来带货

有些产品 Vlog 首先会拍摄一段产品的实用功能，以日常生活为背景，让大家更有代入感。图 13-15 所示，就是以产品功能展示来带货的 Vlog 视频。

▲ 图 13-15　展示产品功能来带货

13.4.4　以好物推荐来带货

有些产品 Vlog 是以好物推荐的方式来带货的，视频开头就首先告诉大家："向大家推荐一个好东西"，以此来吸引大家的注意力，然后开始讲解这个产品的用处，让大家产生兴趣，从而购买博主推荐的好货，如图 13-16 所示。

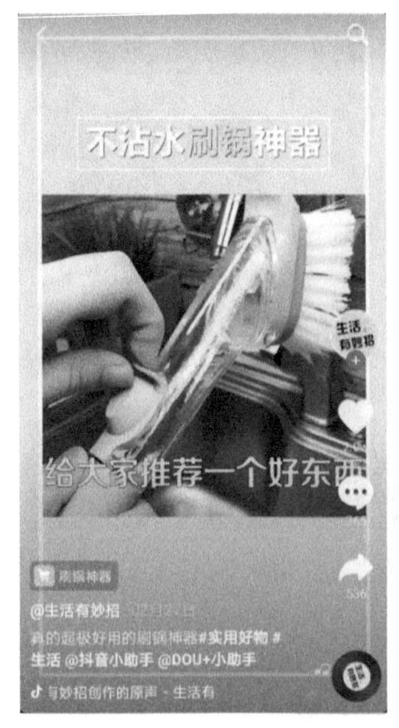

▲ 图 13-16　以好物推荐来带货

第14章 后期——掌握Vlog的处理思路

14.1 小清新的 Vlog 怎么做

如果从色系上分类，Vlog 视频可以分为色彩清淡的日韩系 Vlog，以及色彩稍浓的欧美风 Vlog，小清新的 Vlog 是很多人喜欢的视频风格。总体来说，一提到小清新的视频，我们会想到的关键词是：治愈、文艺、唯美、清新、自然等。本节主要介绍小清新 Vlog 的前期拍摄与后期处理思路。

14.1.1 前期的拍摄技巧

一段经典的小清新 Vlog，在前期的拍摄上有哪些注意事项呢？

第一，在人物的拍摄上，要抓拍自然的动作；

第二，服装道具要简单，简单才能使画面简洁；

第三，演员要给人一种清新、脱俗、自然美的感觉。

小清新的 Vlog 一定要让人看到自然的画面，比如自然微笑、自然走路、自然拿东西等，就像是抓拍到的动作，如果画面看上去很僵硬，就会让观众感觉很奇怪、很假。图 14-1 所示，就是抓拍的比较自然的生活画面。

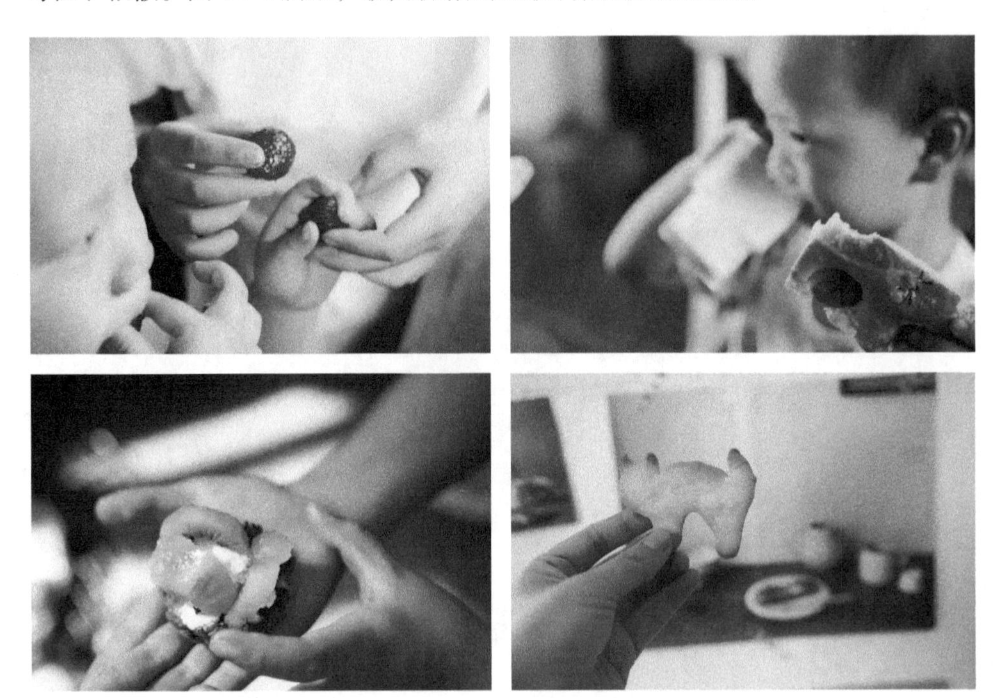

▲ 图 14-1　抓拍的比较自然的生活画面

比如，我们在拍摄 Vlog 中的人物时，人物可以随意地走动，摄影师多抓拍，可以是全身，也可以是局部，比如走路时的脚后跟、肩膀上披着的头发等。抓拍这些局部的细节，可以使画面显得更加自然、清新。

如果 Vlog 画面中的模特或者演员实在不知道怎么自然地走，可以记住四句口诀：回头看镜头、抬头望天空、低头看脚部、左右看风景。

之所以叫小清新，是因为它整体给人一种很清新的感觉，就像夏天的冰西瓜、空气中柠檬味的风或者是雨后滴水的叶子。所以，我们在挑选出镜演员的时候，最好要选择颜值相对较高的人，如果实在找不到，至少找个清瘦点的，或者手比较纤细的，这样可以多拍手部动作等。

演员需要穿淡雅的装束，没有很多花纹的、以简单款式为主的着装，在视觉上给人一种轻盈感。小清新 Vlog 中常见的道具和场景有：烟花棒、卡通娃娃、透明水杯、空旷的背景、干净的街道、没人的篮球场、整洁的教室、海边、草地等，这些道具和场景给人一种干净、安静、简单的感觉，充满清新感。

图 14-2 所示，这样的画面就给人一种强烈的小清新感，模特手中拿着可爱的道具，表情和动作都很和谐，再加上绿色的背景，整体给人一种特别清爽、舒服的感觉。

▲ 图 14-2　小清新感的画面

14.1.2 后期色彩的处理思路

我们可以使用后期处理软件拉低画面的饱和度、增加白色色感，或者直接应用类似感觉的滤镜效果，给视频加上一层淡淡的清爽感觉。这个时候，搭配的文字颜色也以白色、黑色或者其他纯色为主，字体不要选择微软雅黑，因为黑体给人一种很硬的感觉，可以选择卡通字体，显得画面更加活泼、可爱。

图 14-3 所示，为小清新 Vlog 画面偏白的处理效果，左侧加入了卡通娃娃体的文字，使画面更加清新、可爱。

▲ 图 14-3 小清新 Vlog 画面偏白的处理效果

下面以某段小清新视频为例，介绍小清新视频的后期处理流程与思路。

步骤 01 将剪映 APP 安装到手机上，在手机桌面上点击“剪映”APP，如图 14-4 所示。

步骤 02 打开“剪映”APP 界面，点击“开始创作”按钮，如图 14-5 所示。

步骤 03 打开手机素材库，选择需要处理的小清新视频，如图 14-6 所示。

步骤 04 点击“添加到项目”按钮，导入小清新视频，如图 14-7 所示。

步骤 05 在下方滑动工具栏，点击“调节”功能按钮，如图 14-8 所示。

▲ 图 14-4 点击“剪映”APP

▲ 图 14-5　点击"开始创作"按钮

▲ 图 14-6　选择小清新视频

▲ 图 14-7　导入小清新视频

▲ 图 14-8　点击"调节"功能按钮

步骤 06 弹出"调节"面板，❶ 点击"亮度"按钮；❷ 设置参数为 28，提高画面的亮度值，使画面偏白，给人一种清爽的感觉，如图 14-9 所示。

步骤 07 ❶ 点击"对比度"按钮；❷ 设置参数为 13，如图 14-10 所示。

▲ 图 14-9　设置参数为 28　　▲ 图 14-10　设置参数为 13

步骤 08 ❶ 点击“色温”按钮；❷ 设置参数为 -15，如图 14-11 所示。

步骤 09 点击右下角的“对勾”按钮，确认调色操作，返回相应界面，此时轨道中显示“调节”特效条，如图 14-12 所示。

▲ 图 14-11　设置参数为 -15　　▲ 图 14-12　显示“调节”特效条

步骤 10 拖曳特效条右侧的控制柄，调整特效条的持续时间，直至与上方的素材长度对齐，如图 14-13 所示。

步骤 11 点击右上角的“导出”按钮，将制作好的小清新 Vlog 进行导出操作。图 14-14 所示，为制作小清新 Vlog 的前后对比效果。

▲ 图 14-13　调整特效条的持续时间

▲ 图 14-14　制作小清新 Vlog 的前后对比效果

14.1.3　小清新风格的配音要讲究

如果小清新 Vlog 的故事性不是很强，可以找一些纯音乐，或者在网易云音乐上找一首节奏感没有那么强的钢琴曲、吉他曲等，最好是情绪起伏没有那么大的轻音乐。图 14-15 所示，为网易云音乐上的一些轻音乐歌单，大家可根据自己的 Vlog 内容进行挑选。

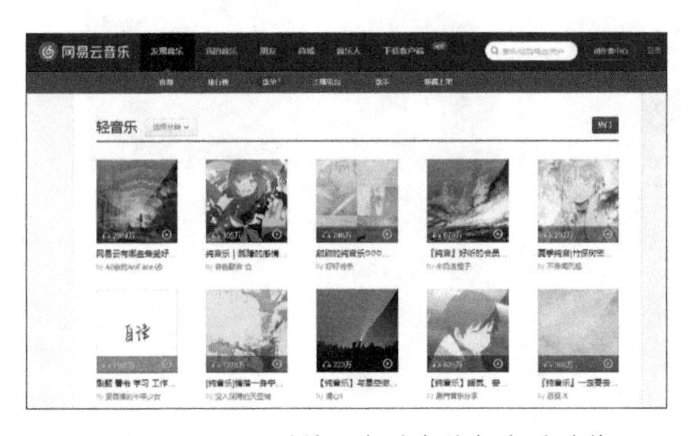

▲ 图 14-15　网易云音乐上的轻音乐歌单

小清新的 Vlog 往往会加一段情绪化的文案或者旁白故事，搞笑的声音就不太适合了，语速和语调也要压制下来，尽量保持平静。

14.2 Vlog 后期的三大要素

Vlog 视频不止包括从脚本准备到拍摄素材，当我们完成了一系列的前期拍摄工作后，接下来是视频的后期剪辑了。如果将拍摄的素材比作食材的话，剪辑就是一个烹饪的过程，最后出来的味道如何，是川菜还是湘菜，取决于客人点单和厨师的特色。本节主要介绍 Vlog 后期的三大要素，帮助大家更好地理解视频后期处理思路。

14.2.1 确定主线

在剪辑视频前，我们要想好这个 Vlog 主要想表现什么。王家卫拍过一部电影《一代宗师》，据说光剪辑的版本就有 4 个，你如果看过全部 4 个版本，就会觉得这是 4 部不一样的片子，因为每一个剪辑都有不同的主线。

比如，最初的 2D 版本在国内放映时，就展示了一个复杂的武林背景，历史性很强；在美国上映的版本就会突出叶问本人的人设，因为中国人对武术和叶问很熟悉了，而美国人更感兴趣的就是叶问这个人，因为他是李小龙的师傅。

那么，你的 Vlog 视频想表现什么呢？当你确定了主线之后，其实剪辑就成功了一半，因为 Vlog 故事的发展顺序和思路都打开了。图 14-16 所示，就是以小宝贝吃早餐为主线拍摄的 Vlog 短视频。

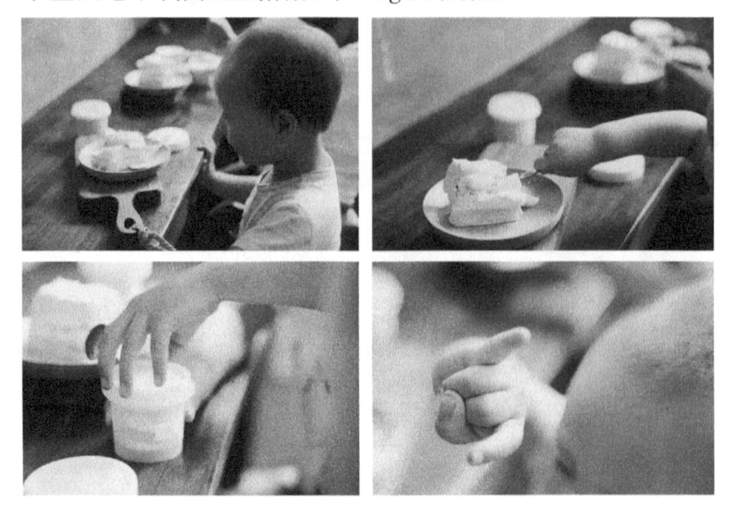

◀ 图 14-16 以小宝贝吃早餐为主线拍摄的 Vlog 短视频

14.2.2　确定基调

确定了故事主线、大致过程和线索之后，在剪辑时我们还需要确定 Vlog 视频的基调。比如，你是一个搞笑博主，那么大致你也会剪辑出一个搞笑类的 Vlog 视频，“搞笑”这个元素就成为了你视频的基调。我们在找 BGM（背景音乐）的时候，也要去搜集搞笑风格的音乐，音调可以稍微夸张一些，这样真实感更强。

如果你是一个文艺博主，那么你的 Vlog 也会是以小清新为主的，我们在找 BGM 的时候，就要找偏向文艺的歌曲，节奏感没那么强的，画面滤镜会使用得比较多，慢动作会加得更多一点，整个风格偏文艺、小清新类。图 14-17 所示，就是一个偏安静、文艺的下午茶 Vlog，记录自己的休闲时光。

▲ 图 14-17　偏安静、文艺的下午茶 Vlog

在剪辑 Vlog 的时候，基调显得尤为重要。当我们确定了 Vlog 的基调之后，可以去寻找符合 Vlog 基调的元素，让你的 Vlog 作品更加丰满，更打动人心。

14.2.3 大量积累

当我们进行视频剪辑的时候，同一个素材、同一个故事、同一个基调，由不同的人剪出来的效果是完全不同的。

就像菜市场里买了一堆食材，陕西的主妇和广东的主妇最后做出来的一定是口味完全不同的美食。这是因为两个人生活的地域不同，从小受的教育、生活的环境以及自己的口味偏好不同，还有烹饪的水平不同，所以最后出来的味道会不一样。

作为剪辑师，可以为这个视频配一首超级动人的 BGM，升华整个作品的精神境界；也可以通过排列素材的顺序，让一个作品变得混乱没有逻辑。所以，我们平时需要多看优秀的作品，比如经典电影、其他博主制作的优质 Vlog 作品等，去分析他们的剪辑逻辑，他们所运用的剪辑元素，以及如何处理转场、突出画面重点的方法。

当我们看到好的作品，要及时地保存下来，这样我们在剪辑视频的时候，就会有源源不断的灵感出现。平时大量的积累，可以让我们的后期剪辑工作变得轻松，素材也变多了，可以选择的余地就更大了。

14.3 五分钟学会懒人后期思路

后期处理在电影学院中是一门单独的学科，在电影界也有单独的剪辑部门，但作为我们普通人来说，不需要花费巨大的时间去学习非常专业的后期课程，只需要掌握一些简单的后期思路，就可以快速上手剪辑工作，我把它叫做“懒人的后期思路”。

什么叫“懒人的后期思路”呢？这个还是按照我们的 Vlog 视频万能公式展开：Vlog = 封面 + 开头 + 正文 + 结尾，只要按照这个思路去剪辑视频，就可以剪辑出一个基本的 Vlog 作品了。

关于封面的剪辑与制作技巧，在第 12 章的内容中已经详细介绍过，这里不再细致说明。本节只针对开头、正文以及结尾的剪辑思路进行相关说明。

14.3.1　开头的剪辑

关于 Vlog 的开头部分，我们之前已经说了几种开头方式，在剪辑这部分的内容时，主要是保证 Vlog 的开头一定要引人入胜，那么开头的音乐、配音和文字就显得尤为重要，开头的节奏感是吸引人看下去的绝对因素。

我们要根据视频的长短来确定开头的长短，比如 15 秒的短视频，本来一眨眼就过去的，那么这个开头就可以开门见山，不需要花絮，整个 15 秒的短视频画面要环环相扣，1 秒都不允许浪费。

如果是一个 1 ~ 5 分钟的视频，我们可以花 15 秒左右的时间来设计一个有吸引力的开头，这个开头要展示这个 Vlog 的主旨，最好搭配相应风格的音乐。比如，有个早餐博主，她的开头永远都是和老公干杯的镜头，以及家里小猫咪乱窜的镜头，然后出现 Vlog 视频的标题，再是正文的开始，这成了她的仪式感和独特的 Vlog 风格。

14.3.2　正文的剪辑

正文就是 Vlog 的主要部分，如果你要分享一个健身减肥 10 斤的 Vlog，就需要说清楚整个减肥的过程，减肥中的重点提示，以及别人可以借鉴的点在哪里。剪辑的时候，可以把重点片段多放些，为了突出重点可以加入提示性字幕，以及重点音效，这样观众在观看的时候，就能很快发现你的重点。

正文的逻辑很重要，剪辑的过程中需要有这样的思维：观众在观看的时候是什么感觉。用观众视觉来代替创作视觉，这样剪辑出来的效果会更加吸引观众的眼球。

14.3.3　结尾的剪辑

在 Vlog 的结尾，一般除了前面章节讲到的仪式感之外，剪辑中需要有一种慢慢结束的节奏感，避免那种 Vlog 戛然而止的突然感，要注意给观众一些遐想和反应的时间。如果你的结尾有引导关注的话语，要注意观众是否看清楚了你的字幕提示，如果视频播放速度太快的话，当大家刚想关注你，画面就没了，这样会错失很多引流的机会。

当然，结尾也不能太长，这样会让你的 Vlog 作品变得啰嗦，影响视频的完播率。剪辑过程中照着 Vlog 的万能公式走，是不是让你的后期剪辑思路清晰了很多呢？

第15章 剪辑——如何制作一段成品Vlog

15.1　剪辑 Vlog 并制作视频特效

刚开始拍摄的 Vlog 是一个一个的小片段，我们需要将这些视频片段进行剪辑、合成，才能制作出一段完整的 Vlog 作品。本节主要介绍 Vlog 的剪辑与特效制作技巧。

15.1.1　剪辑视频素材

下面介绍使用“剪映”APP 剪辑与合成视频片段的操作方法。

步骤 01 打开“剪映”APP，点击“开始创作”按钮，如图 15-1 所示。

步骤 02 打开手机素材库，选择需要导入的多段视频文件，如图 15-2 所示。

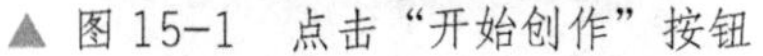
▲ 图 15-1　点击“开始创作”按钮

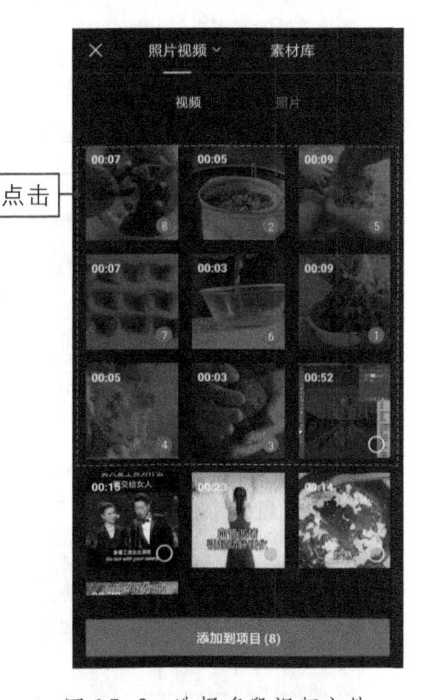

▲ 图 15-2　选择多段视频文件

步骤 03 点击“添加到项目”按钮，导入多段视频素材，在轨道中会自动按导入的顺序排列素材；将时间线移至相应位置，可以查看视频的画面效果，如图 15-3 所示。

步骤 04 ❶ 接下来剪辑视频素材，将时间线移至 00:05 秒的位置；❷ 点击界面左下角的“剪辑”按钮，如图 15-4 所示。

步骤 05 弹出相应功能按钮，点击“分割”按钮，如图 15-5 所示。

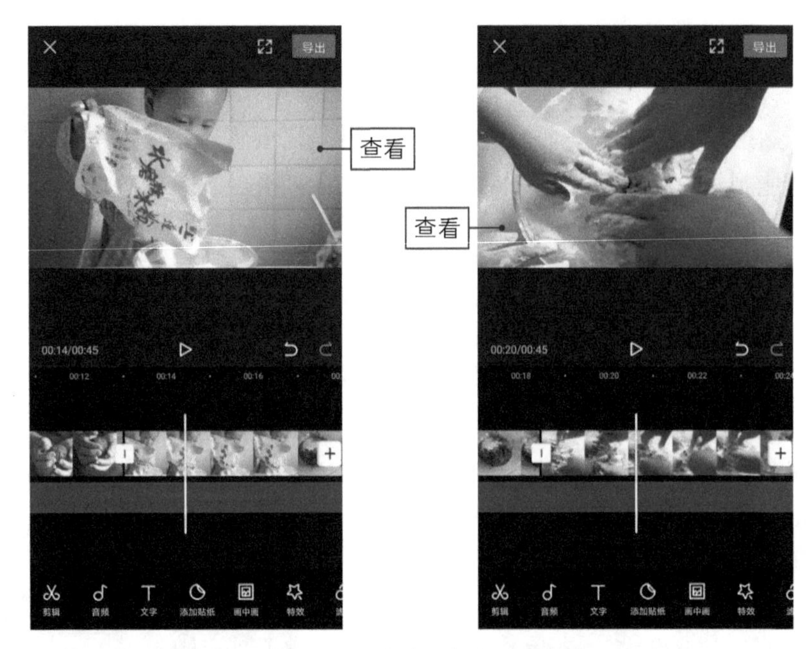

▲ 图 15-3 查看视频的画面效果

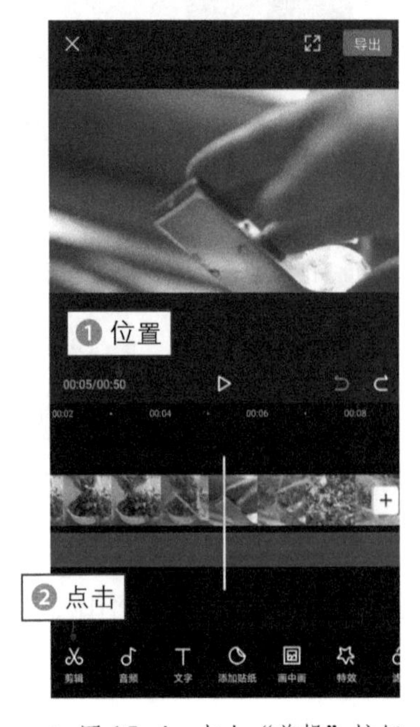

▲ 图 15-4 点击"剪辑"按钮

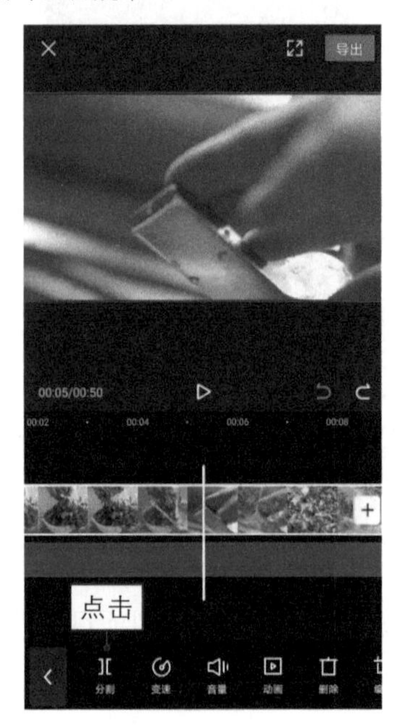

▲ 图 15-5 点击"分割"按钮

步骤 06 将素材分割为两段，中间显示"分割"按钮[ ]，如图 15-6 所示。

步骤 07 ❶ 选择剪辑后的前一段视频；❷ 点击"删除"按钮 ，如图 15-7 所示。

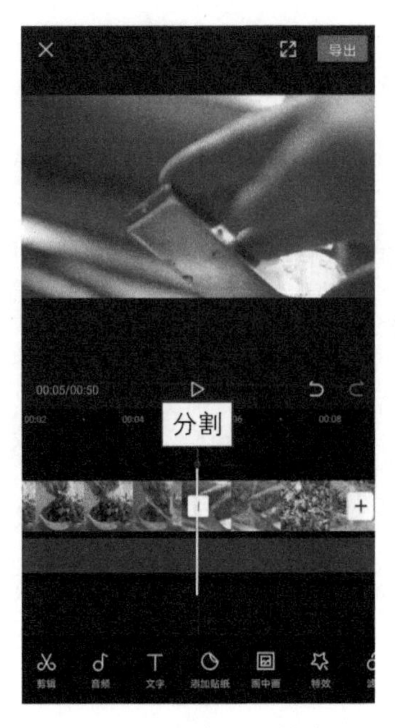

▲ 图 15-6　将素材分割为两段　　▲ 图 15-7　点击“删除”按钮

步骤 08 执行操作后，即可删除不需要的视频片段，大家可以使用相同的方法剪辑其他的视频片段，待视频剪辑完成后，点击预览窗口下方的“播放”按钮 ▷，预览剪辑、合成后的视频画面效果如图 15-8 所示。

▲ 图 15-8

▲ 图 15-8　预览剪辑、合成后的视频画面效果

15.1.2　变速处理视频

当我们希望视频以快动作或者慢动作播放的时候，就需要对视频进行变速处理。下面以慢动作播放视频为例，介绍变速处理视频的操作方法。

步骤 01 ❶选择需要慢速播放的视频；❷点击“变速”按钮，如图 15-9 所示。

步骤 02 弹出相应功能按钮，点击“常规变速”按钮，如图 15-10 所示。

步骤 03 弹出变速滑动条，默认情况下是 1×，如图 15-11 所示。

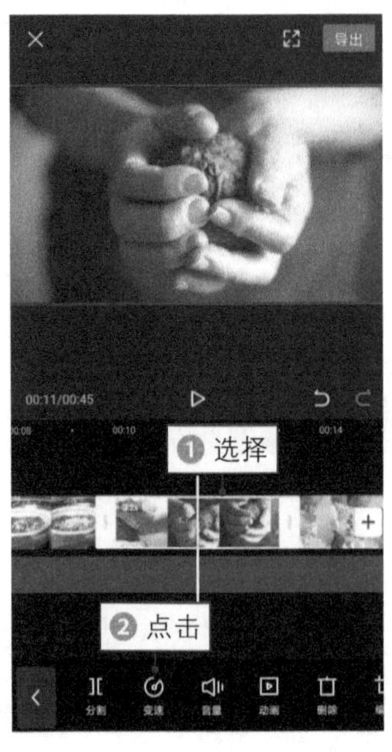

▲ 图 15-9　点击“变速”按钮

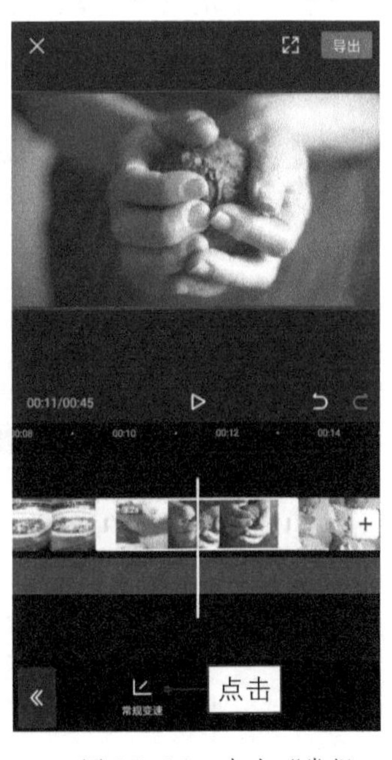

▲ 图 15-10　点击“常规变速”按钮

步骤 04 向左滑动圆点，设置参数为 0.4 ×，此时轨道中的素材区间变长了，表示视频将以慢速度播放，如图 15-12 所示。

步骤 05 ❶ 点击预览窗口下方的“播放”按钮 ▷；❷ 预览变速后的视频画面效果，如图 15-13 所示。

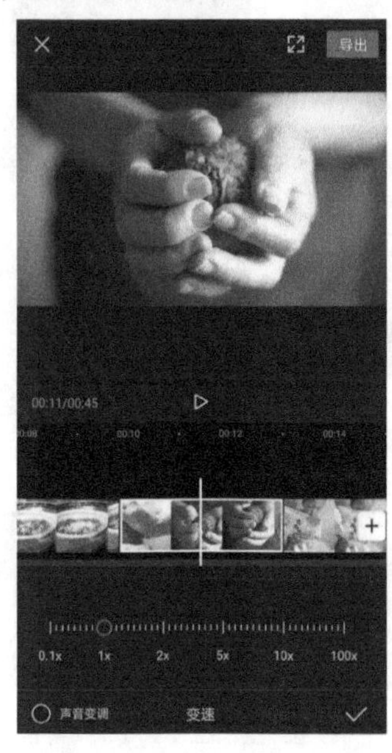

▲ 图 15-11　默认情况下是 1x

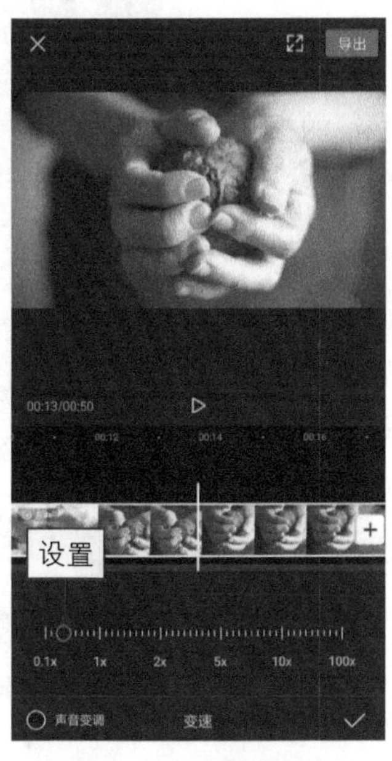

▲ 图 15-12　设置参数为 0.4x

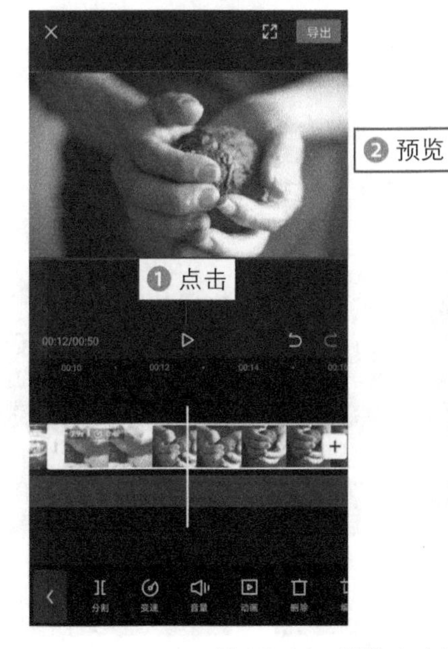

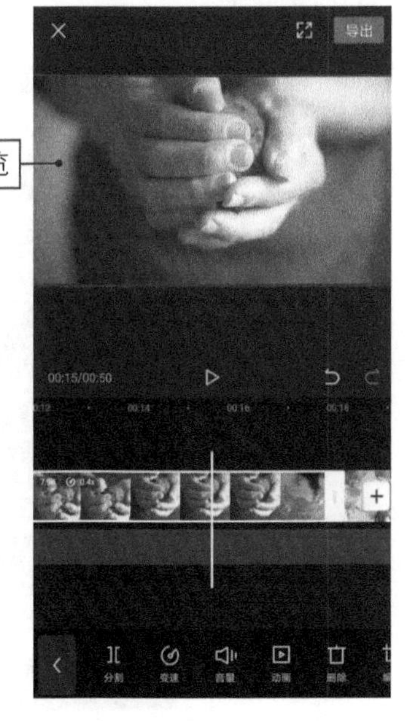

▲ 图 15-13　预览变速后的视频画面效果

15.1.3 使用滤镜特效

视频滤镜不仅可以掩饰视频素材的瑕疵，还可以令视频画面产生绚丽的视觉效果，使制作出来的视频更具表现力。下面介绍在视频中应用滤镜特效的操作方法。

步骤 01 ① 选择需要应用滤镜的视频；② 点击“滤镜”按钮，如图 15-14 所示。

步骤 02 展开滤镜面板，点击“自然”滤镜缩略图，如图 15-15 所示。

步骤 03 通过预览窗口可以看到，应用滤镜效果后，画面变亮、变白了很多，更有小清新的味道了，如图 15-16 所示。

▲ 图 15-14 点击“滤镜”按钮

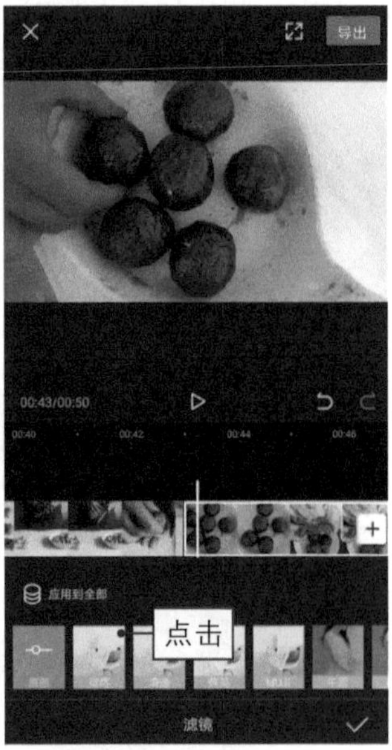

▲ 图 15-15 点击“自然”滤镜缩略图

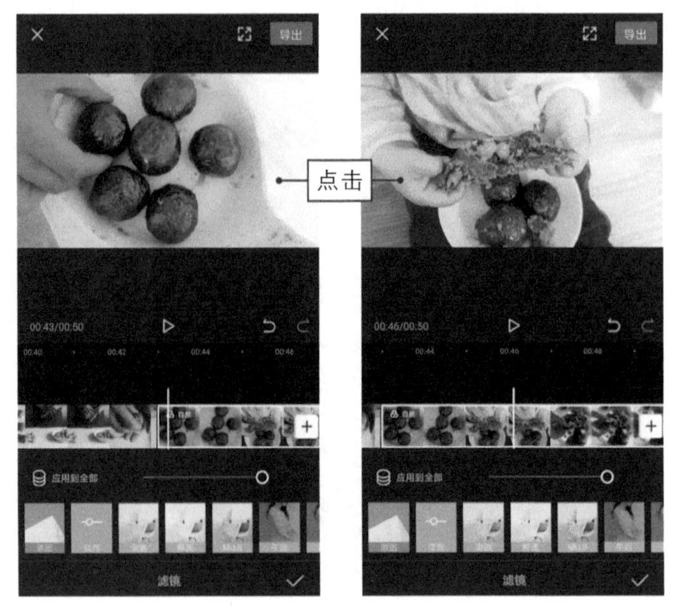

▲ 图 15-16 查看视频画面效果

15.1.4　制作开场动画

制作视频的开场动画，可以使视频更具有趣味性，下面介绍具体的操作方法。

步骤 01 ❶将时间线移至最开始的位置；❷点击“特效”按钮，如图 15-17 所示。

步骤 02 打开“基础”特效面板，点击“开幕Ⅱ”特效，如图 15-18 所示。

步骤 03 执行操作后，即可将“开幕Ⅱ”特效应用至 Vlog 视频片段的开头，点击“播放”按钮，可预览视频画面展开的动画特效，如图 15-19 所示。

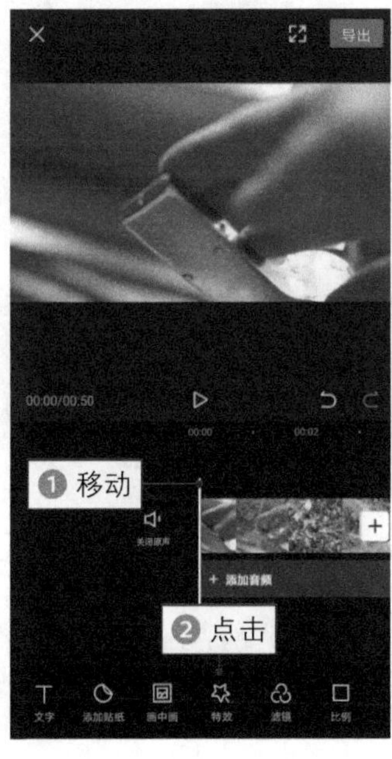

▲ 图 15-17　点击“特效”按钮

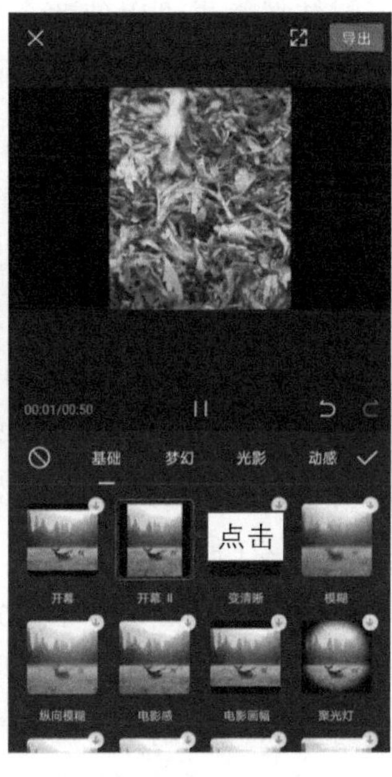

▲ 图 15-18　点击“开幕Ⅱ”特效

▲ 图 15-19　预览视频画面展开的动画特效

15.1.5 使用转场特效

转场效果可以使两个素材之间的过渡更加自然、流畅。下面介绍在视频之间添加转场特效的操作方法。

步骤 01 在轨道中，点击两段视频素材之间的“分割”按钮[分割图标]，如图 15-20 所示。

步骤 02 打开“基础转场”面板，显示多种转场特效，如图 15-21 所示。

步骤 03 点击“叠化”转场效果，如图 15-22 所示。

步骤 04 在两段视频素材之间应用“叠化”转场效果，显示“转场”标记[转场图标]，如图 15-23 所示。

▲ 图 15-20 点击“分割”按钮

▲ 图 15-21 显示多种转场特效

▲ 图 15-22 点击“叠化”转场效果

▲ 图 15-23 显示“转场”标记

步骤 05 点击“播放”按钮，预览视频交叉叠化效果，如图 15-24 所示。

步骤 06 用与上述同样的方法，依次在其他视频片段之间添加“闪黑”“左移”“叠化”等转场效果，如图 15-25 所示。

▲ 图 15-24　预览视频交叉叠化效果

▲ 图 15-25　添加其他转场效果

15.1.6 制作视频字幕

字幕可以突出 Vlog 视频的重点内容，可以对画面起到说明的作用，有画龙点睛之效。下面介绍制作视频字幕的操作方法。

步骤 01 ❶ 将时间线移至00:03的位置处；❷ 点击"文字"按钮，如图 15-26 所示。

步骤 02 弹出相应功能按钮，点击"新建文本"按钮 A+，如图 15-27 所示。

步骤 03 进入文字编辑界面，在窗口中输入相应文本内容，如图 15-28 所示。

步骤 04 ❶ 设置文本的字体格式；❷ 调整文本的大小与位置，如图 15-29 所示。

▲ 图 15-26 点击"文字"按钮

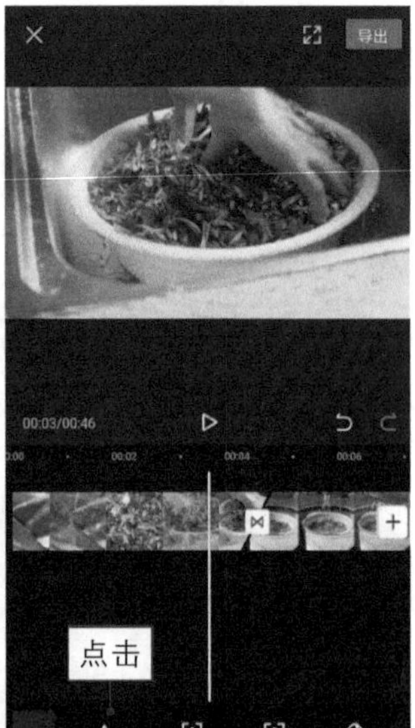

▲ 图 15-27 点击"新建文本"按钮

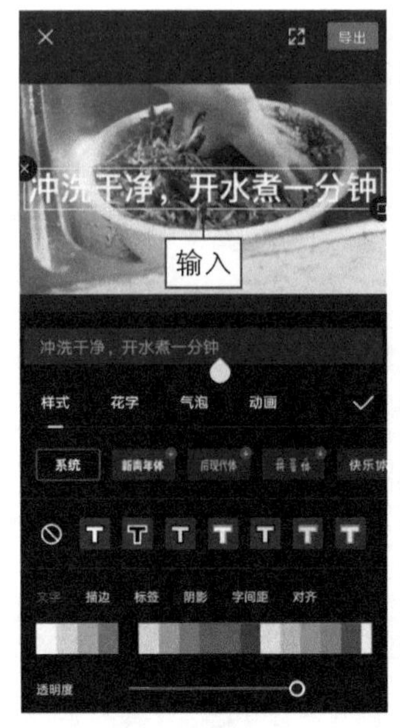

▲ 图 15-28 输入相应文本内容

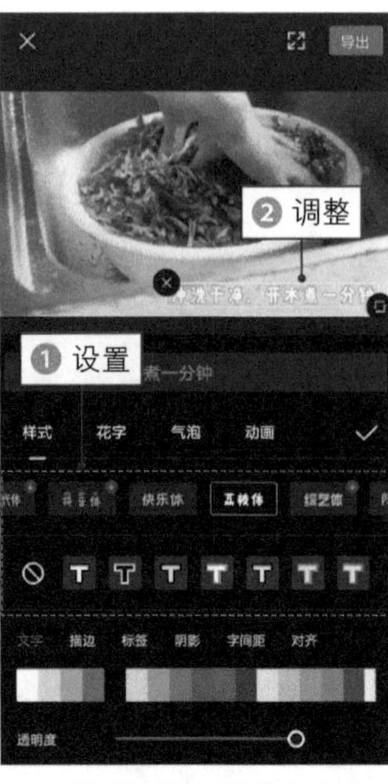

▲ 图 15-29 调整文本的格式

步骤 05 点击"对勾"按钮✓，此时轨道中显示了制作的文本，如图 15-30 所示。

步骤 06 将时间线移至 00:11 的位置处，点击"新建文本"按钮，如图 15-31 所示。

▲ 图 15-30　显示制作的文本

▲ 图 15-31　点击"新建文本"按钮

步骤 07 进入文字编辑界面，❶ 在窗口中输入相应文本内容；❷ 设置好文本的字体格式、大小和位置；❸ 点击"对勾"按钮✓，如图 15-32 所示。

步骤 08 执行操作后，此时轨道中显示了制作的文本，如图 15-33 所示。

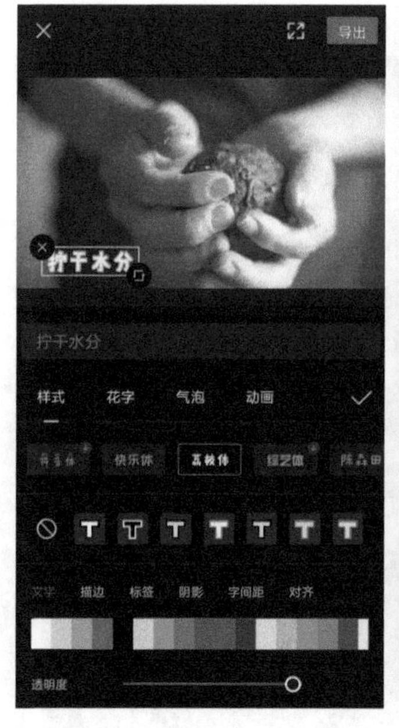

▲ 图 15-32　输入相应文本内容

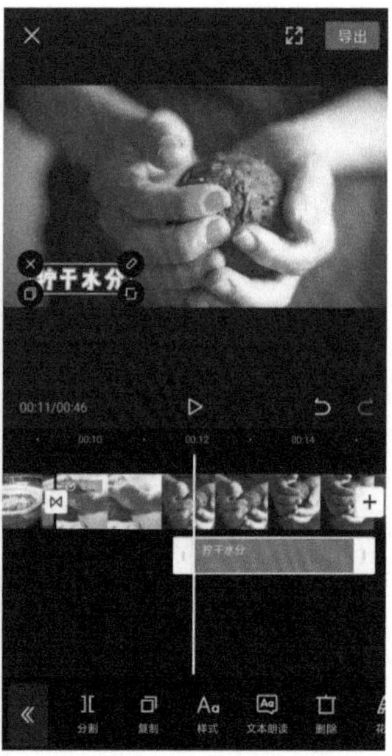

▲ 图 15-33　显示制作的文本

步骤 09 ❶ 将时间线移至00:22的位置处；❷ 点击“新建文本”按钮，进入文字编辑界面，在窗口中输入相应文本内容，并设置好文本的字体格式、大小和位置，点击“对勾”按钮，此时轨道中显示了制作的文本，如图15-34所示。

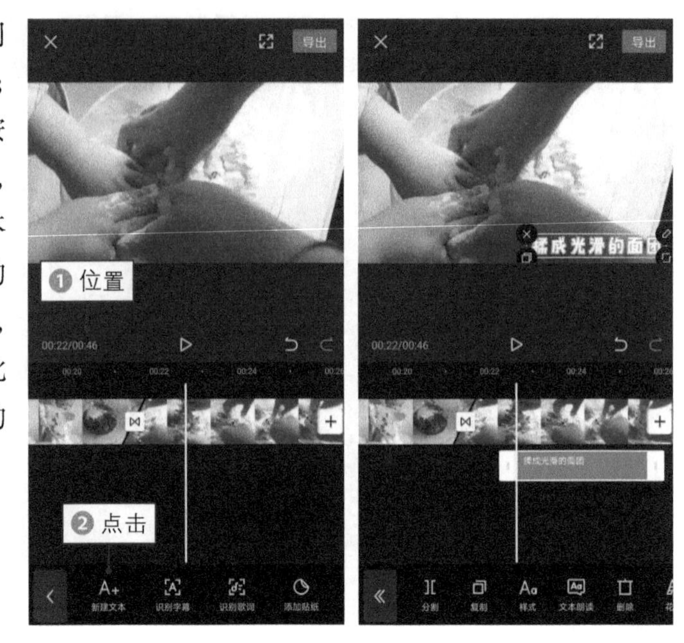

▲ 图 15-34　在 00:22 的位置处制作文本效果

步骤 10 ❶ 将时间线移至00:33的位置处；❷ 点击“新建文本”按钮，进入文字编辑界面，在窗口中输入相应文本内容，并设置好文本的字体格式、大小和位置，点击“对勾”按钮；❸ 此时轨道中显示了制作的文本，如图15-35所示。

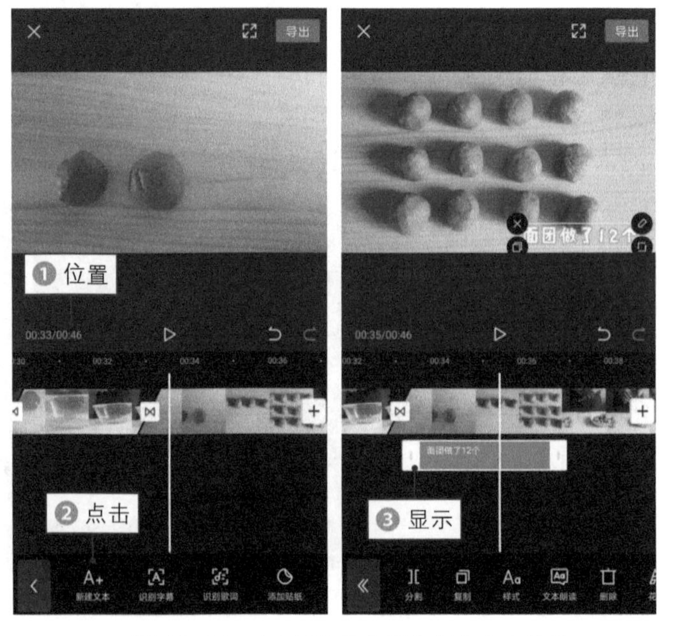

▲ 图 15-35　在 00:33 的位置处制作文本效果

步骤 11 ❶ 将时间线移至 00:41 的位置处；❷ 点击“新建文本”按钮，进入文字编辑界面，在窗口中输入相应文本内容，并设置好文本的字体格式、大小和位置，点击“对勾”按钮；❸ 此时轨道中显示了制作的文本，如图 15-36 所示。

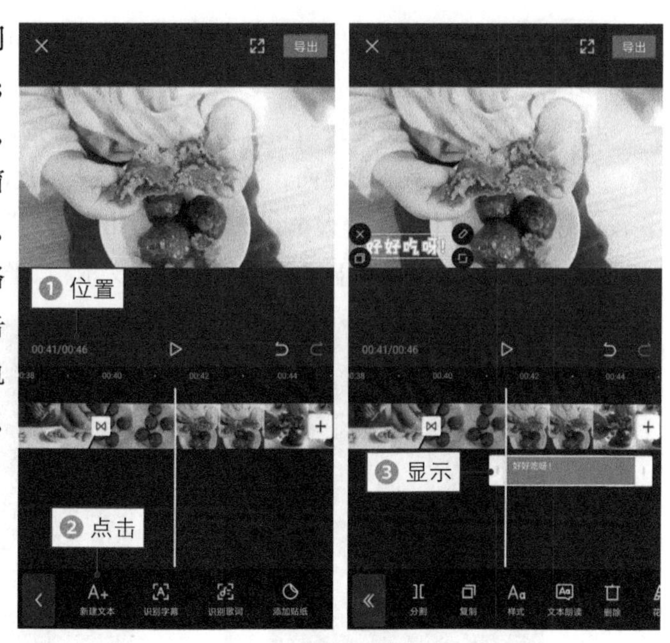

▲ 图 15-36 在 00:41 的位置处制作文本效果

15.1.7 制作片尾引流

下面介绍在 Vlog 视频的结尾制作引流文字信息的方法，具体操作步骤如下。

步骤 01 将时间线移至 Vlog 视频的结尾位置，如图 15-37 所示。

步骤 02 ❶ 点击“加号”按钮 [+]；❷ 添加一张纯黑色的图片，如图 15-38 所示。

▲ 图 15-37 将时间线移至结尾的位置

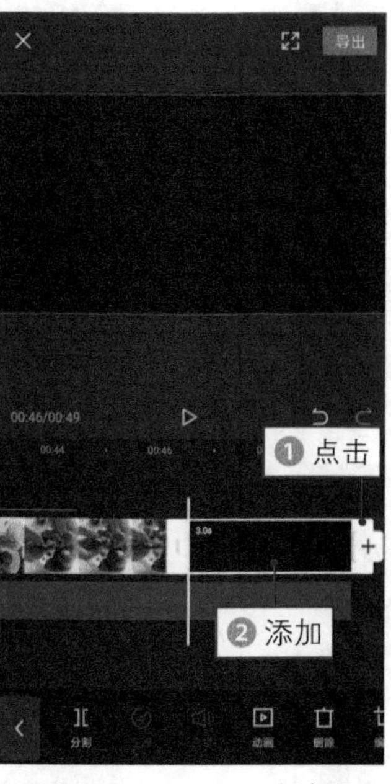

▲ 图 15-38 添加一张纯黑色的图片

步骤 03 ❶ 将时间线移至 00:46 的位置；❷ 点击“文字”按钮，如图 15-39 所示。

步骤 04 弹出相应功能按钮，点击“新建文本”按钮 A+，如图 15-40 所示。

步骤 05 进入文字编辑界面，❶ 在窗口中输入引流内容“欢迎点赞、转发”；❷ 设置好文本的字体格式、大小和位置；❸ 点击“对勾”按钮，如图 15-41 所示。

步骤 06 此时，轨道中显示了制作的引流文本，如图 15-42 所示。

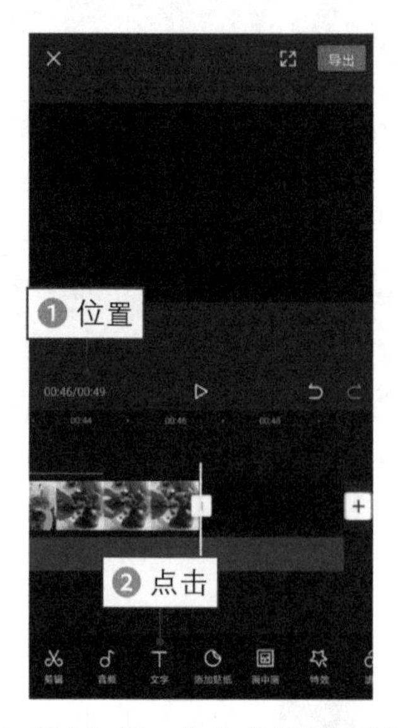

▲ 图 15-39　点击“文字”按钮

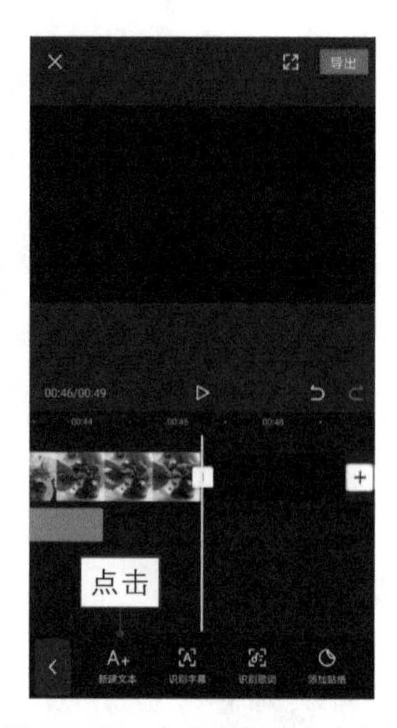

▲ 图 15-40　点击“新建文本”按钮

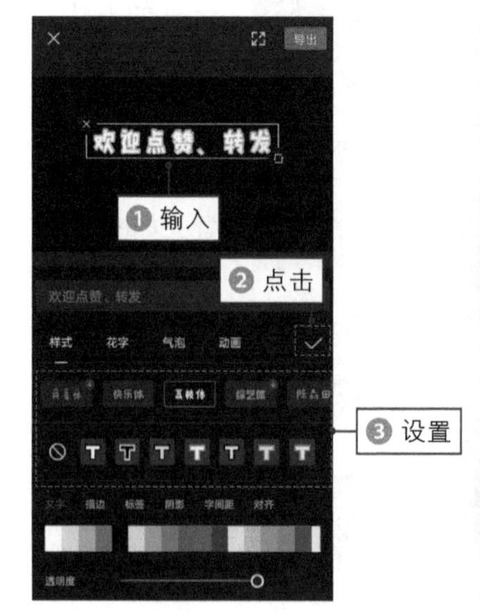

▲ 图 15-41　输入相应文本内容

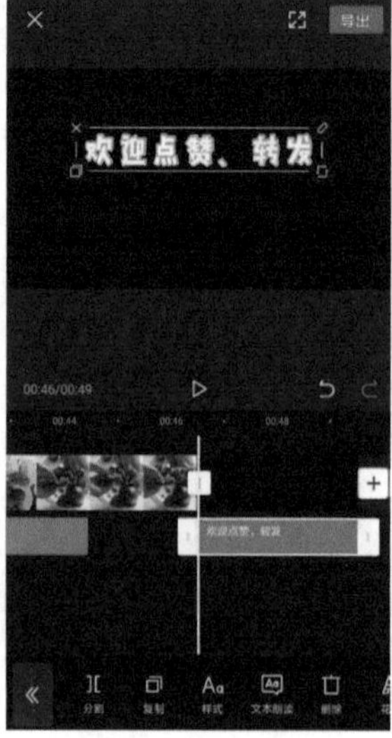

▲ 图 15-42　显示制作的引流文本

步骤 07 用与上述同样的方法，在片尾位置再加一条文本内容“微博：vivi 的理想生活”，便于吸粉引流，如图 15-43 所示。

步骤 08 点击“对勾”按钮，此时轨道中显示了制作的引流文本，如图 15-44 所示。

▲ 图 15-43　再加一条文本内容

▲ 图 15-44　制作片尾引流文本

15.2　制作 Vlog 视频的背景声效

Vlog 作品是一门声画艺术，音频在 Vlog 中是不可或缺的元素。本节主要介绍为 Vlog 视频添加背景音乐、录制语音旁白的方法，并输出成品 Vlog 视频。

15.2.1　添加背景音乐

下面介绍为 Vlog 视频添加背景音乐的操作方法。

步骤 01 点击轨道前面的“关闭原声”按钮，如图 15-45 所示。

步骤 02 关闭视频轨中的声音，此时音频图标显示无声，点击下方的“添加音频”轨道，如图 15-46 所示。

步骤 03 弹出相应功能按钮，点击“音乐”按钮，如图 15-47 所示。

步骤 04 打开“添加音乐”界面，其中显示了许多音乐素材，如图 15-48 所示。

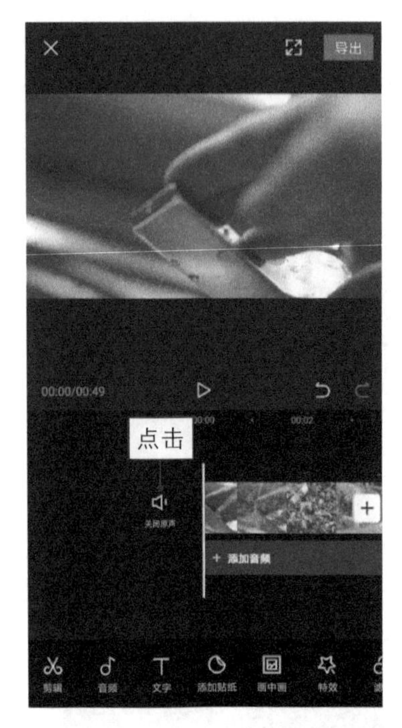

▲ 图 15-45　点击“关闭原声”按钮

▲ 图 15-46　点击“添加音频”轨道

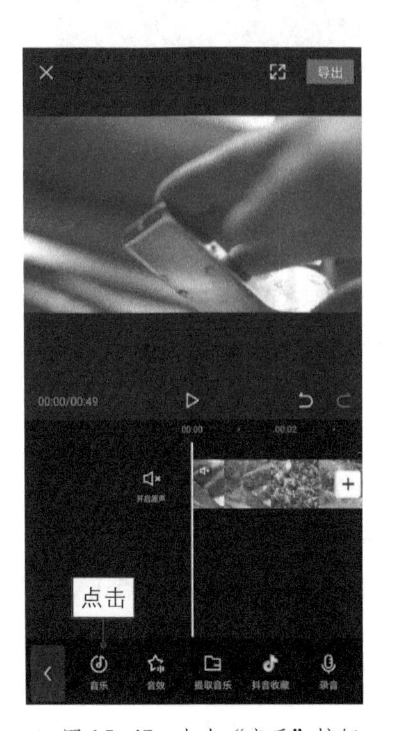

▲ 图 15-47　点击“音乐”按钮

▲ 图 15-48　打开“添加音乐”界面

步骤 05 从右向左滑动上方的缩略图，点击 Vlog 缩略图，如图 15-49 所示。

步骤 06 打开 Vlog 音乐素材库，点击一首音乐试听，如图 15-50 所示。

步骤 07 点击音乐右侧的“使用”按钮，将音乐添加至轨道中，如图 15-51 所示。

步骤 08 ❶ 将时间线移至 00:49 的位置处；❷ 选择音乐素材；❸ 点击下方的“分割”按钮，如图 15-52 所示。

▲ 图 15-49　点击 Vlog 缩略图

▲ 图 15-50　试听音乐

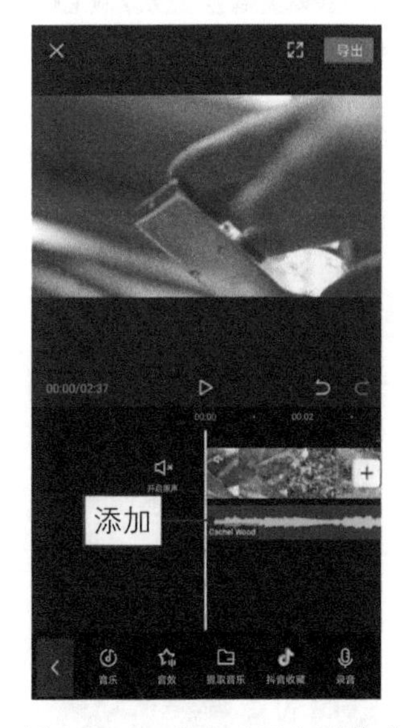

▲ 图 15-51　将音乐添加至轨道中

▲ 图 15-52　点击“分割”按钮

步骤 09 执行操作后，即可将音乐分割为两段，如图 15-53 所示。

步骤 10 选择剪辑的后段音乐，点击“删除”按钮，删除多余的音乐，如图 15-54 所示。

步骤 11 选择音乐轨中的音乐素材，点击“音量”按钮 ，如图 15-55 所示。

步骤 12 弹出相应调整面板，向左滑动工具条参数，调整“音量”为 47，降低背景声音的音量，如图 15-56 所示。降低背景声音的作用，是为了使我们录制时的语音旁白的声音更加清晰，两个声音在音量上有差别，才会让声音有轻重之分、有层次感。

▲ 图 15-53　将音乐分割为两段

▲ 图 15-54　删除多余的音乐片段

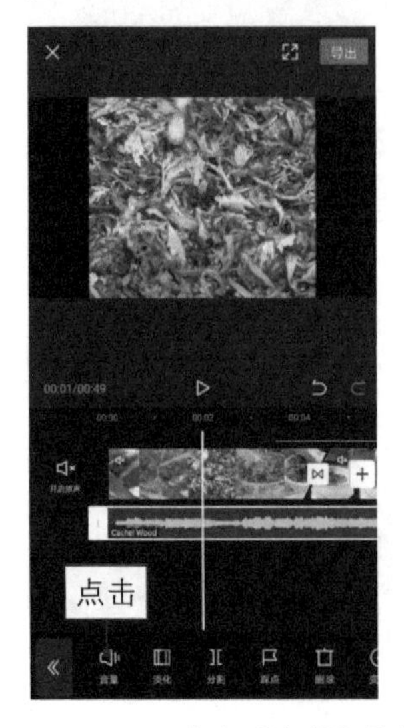

▲ 图 15-55　点击“音量”按钮

▲ 图 15-56　调整“音量”为 47

15.2.2　录制语音旁白

下面介绍在 Vlog 视频中录制语音旁白的操作方法，具体步骤如下。

步骤 01 将时间线移至 00:07 的位置处，点击“录音”按钮，如图 15-57 所示。

步骤 02 弹出相应面板，点击红色的“按住录音”按钮不放，如图 15-58 所示。

步骤 03 按住不放的同时，开始录制语音旁白，显示音频的音波，如图 15-59 所示。

▲ 图 15-57　点击“录音”按钮

▲ 图 15-58　点击“按住录音”按钮不放

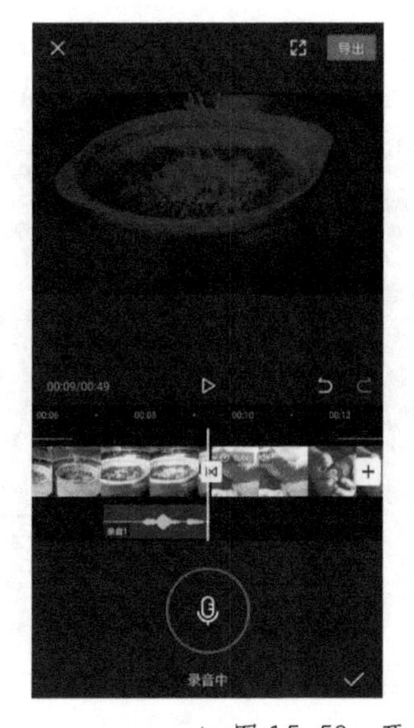

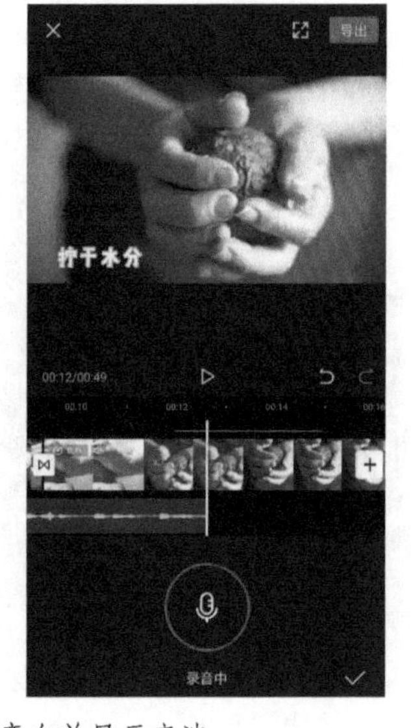

▲ 图 15-59　开始录制语音旁白并显示音波

步骤 04 语音录制完成后，点击右侧的“对勾”按钮☑，如图 15-60 所示。

步骤 05 确认录音操作，此时录制好的声音显示在轨道中，如图 15-61 所示。

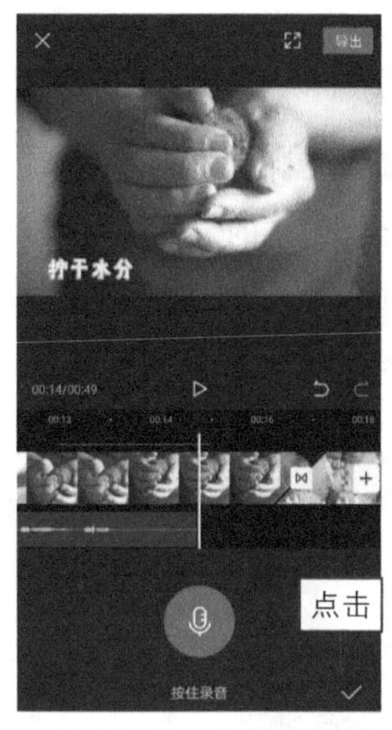

▲ 图 15-60 点击“对勾”按钮

▲ 图 15-61 轨道中显示录音文件

15.2.3 导出成品 Vlog

Vlog 视频制作完成后，最后一步是导出视频，下面介绍具体的操作方法。

步骤 01 在编辑界面中，点击右上角的“导出”按钮，如图 15-62 所示。

步骤 02 进入导出界面，点击下方的“导出”按钮，如图 15-63 所示。

步骤 03 开始导出 Vlog 视频，显示导出进度，如图 15-64 所示，待进度结束后即可。

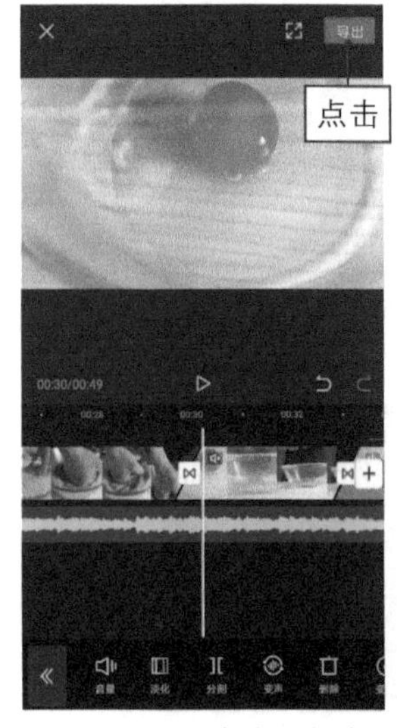

▲ 图 15-62 点击“导出”按钮

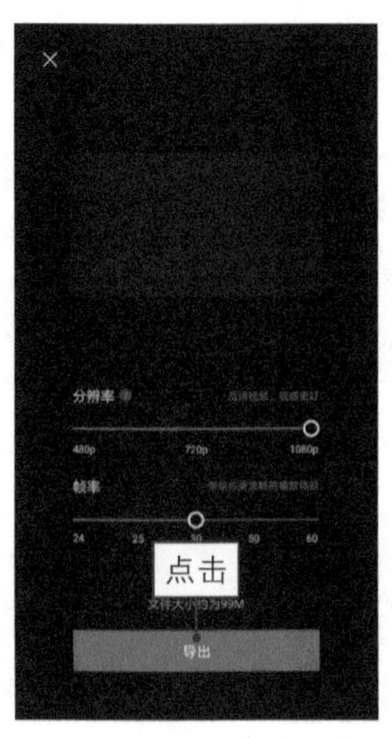

▲ 图 15-63 点击下方“导出”按钮

▲ 图 15-64 开始导出 Vlog

第16章 成品——日常Vlog案例的拆解

16.1 日常 Vlog 案例

图 16-1 所示，是我拍摄的一个日常生活 Vlog，主要分为 4 个部分。

（1）准备早餐篇：早上逛菜市场，买菜，做早餐，与家人一起吃早餐；

（2）开店打理篇：开咖啡店，准备当天需要的食材，照顾客人，打理店铺；

（3）制作梅子酒：顾店的闲暇之余，亲手做一瓶梅子酒；

（4）亲子时光篇：与孩子一起度过幸福的亲子时光，记录宝贝的成长故事。

▲ 图 16-1　日常 Vlog 案例

16.1.1 做早餐、吃早餐

这一节的主题是早餐，一共分为 6 个镜头来拍摄。第 1 个镜头是逛菜市场，买新鲜的食材回家；第 2 个镜头是洗米；第 3 个镜头是洗菜；第 4 个镜头是切菜；第 5 个镜头是炒菜；第 6 个镜头是与家人在一起吃早餐，如图 16-2 所示。

▲ 图 16-2　做早餐、吃早餐的镜头画面

这个部分的拍摄手法可以采用远景 + 近景 + 特写的方式，远景拍摄菜市场的全景、近景拍摄各种早餐的食材、特写拍摄美食的细节。在吃早餐的时候，我是将相机固定在桌子上的某个位置来拍摄的，使用固定镜头的拍法。

16.1.2 咖啡馆的日常营业

吃完早餐之后，与家人一起去咖啡馆营业，这一节主要拍摄咖啡馆的日常营业故事。主要包含 4 个镜头，第 1 个镜头是刚到店门口的样子；第 2 个镜头是强哥搬花、搬凳子、挂牌子；第 3 个镜头是强哥日常工作的情景，以及顾客用餐的情形；第 4 个镜头是收碗、打扫卫生的情形，如图 16–3 所示。

▲ 图 16-3 咖啡馆的日常营业

在拍摄人物的过程中，可以使用正面、侧面以及背面相结合的拍摄手法，可以体现人物轮廓的立体感。还可以使用局部的拍摄手法，只拍摄手部的动作，这样可以让画面中的细节更加丰富。

16.1.3　亲手制作梅子酒

日常开店的时候，一般下午 2 点 ~ 4 点半的这个时间段，顾客会比较少，那么这段时间我会做一些自己喜欢的美食。比如做梅子酒，第 1 个镜头是讲解做梅子酒的要点；第 2 个镜头是洗梅子；第 3 个镜头是给梅子去蒂，清理干净；第 4 个镜头是准备酒瓶；第 5 个镜头是装梅子、白酒、冰糖等；第 6 个镜头是封盖，如图 16–4 所示。

▲ 图 16–4　亲手制作梅子酒

16.1.4 与孩子的幸福时光

两个孩子 4 点钟放学之后，接来了店里，我买了几只冰激凌，两个宝贝都吃得很开心，我用 Vlog 记录着这一切，如图 16–5 所示。这段视频用近景、特写相结合的拍摄手法，还用后期 APP 加了一些字幕效果，突出画面的重点内容。

我是两个男孩的妈妈，我的家庭也很和谐、幸福，两个孩子都成长得特别好，既懂事又乖巧，每天的陪伴是一家人最幸福的时光。

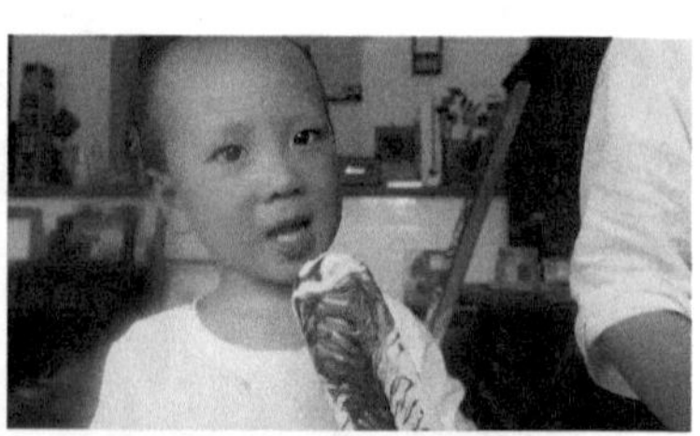

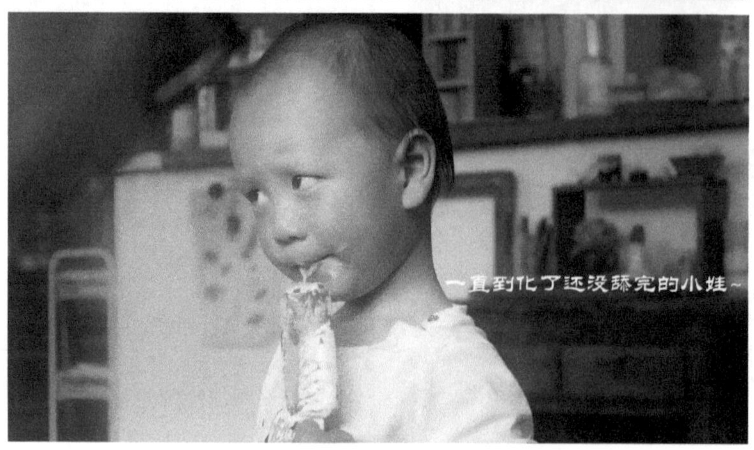

▲ 图 16–5 与孩子的幸福时光

16.2　美食 Vlog 案例

图 16-6 所示，是我拍摄的一个美食 Vlog，主要分为 3 个部分。

（1）食材准备篇：烤吐司、切水果、做沙拉；

（2）美食制作篇：拌酱料、烤培根、制作三明治；

（3）美食分享篇：拍摄不同角度的美食成品，以及用餐的情景。

▲ 图 16-6　美食 Vlog 案例

16.2.1 准备好食材

这一节的主题是准备食材，一共分为 6 个镜头来拍摄。第 1 个镜头是烤吐司；第 2 个镜头是切西红柿；第 3 个镜头是将西红柿装进碗里；第 4 个镜头是剥牛油果；第 5 个镜头是将牛油果切碎；第 6 个镜头是将牛油果装进碗里，如图 16-7 所示。这些镜头可以采用侧拍的方式，将手机固定在旁边进行拍摄，也可以手持的方式俯拍食材。

▲ 图 16-7　准备好食材

16.2.2　制作三明治

本小节的主题是制作三明治，一共分为 4 个镜头来拍摄。第 1 个镜头是给沙拉拌调料；第 2 个镜头是煎培根；第 3 个镜头是在吐司中放沙拉和培根，采用侧拍和俯拍的方式都可以；第 4 个镜头是用手将三明治压稳一点，如图 16-8 所示。

▲ 图 16-8　制作三明治

16.2.3　分享美食成果

最后一个部分是分享美食成果，这是美食 Vlog 的核心部分，如图 16-9 所示。

▲ 图 16-9　分享美食成果

这个部分主要分为 4 个镜头来拍摄，第 1 个镜头是将三明治切成两半，展示效果；第 2 个镜头是倒牛奶；第 3 个镜头是拿起牛奶喝；第 4 个镜头是吃三明治。

16.3　旅行 Vlog 案例

图 16-10 所示，是我拍摄的一个旅行 Vlog，主要分为 3 个部分。

（1）交通工具篇：坐的士、下车、步行、抵达机场；

（2）品尝美食篇：来到一个新的城市，品尝各种热门美食；

（3）字幕结尾篇：视频结尾处，用字幕来表达心里的感受。

▲ 图 16-10　旅行 Vlog 案例

16.3.1 拍摄途中的交通工具

我们外出旅行的时候，可以多拍摄一些交通工具的画面，如汽车、的士、火车、公交车等，这样可以让我们的 Vlog 看上去更加真实，将观众带入情境之中。

这一节的主题是交通工具，一共分为 3 个镜头来拍摄。第 1 个镜头是坐的士、下车、步行；第 2 个镜头是机场的飞机，这是起飞前拍摄的；第 3 个镜头是离开机场的画面，表示我飞跃了 1634 公里，来到了一个陌生的城市，如图 16–11 所示。

▲ 图 16-11 拍摄途中的交通工具

16.3.2 分享各种特色的美食

这一节的主题是分享城市中的特色美食，一共分为 4 个镜头来拍摄。第 1 个镜头是美食街道；第 2 个镜头是来重庆的第一顿美食；第 3 个镜头是吃美食；第 4 个镜头是猪蹄饭；第 5 个镜头是凌晨两点的重庆烧烤摊；第 6 个镜头是和朋友一起吃烧烤，如图 16–12 所示。

▲ 图 16-12　分享各种特色的美食

16.3.3　片尾巧用字幕来结束

向大家分享了各种美食之后，接下来要离开重庆了。片尾巧用了字幕来表达心里的感受，以及与朋友们的道别；并运用了画中画的后期手法，将视频以小窗口的形式展现在画面的左侧，而右侧用文字进行了相关表达，如图 16-13 所示。

旅行类的 Vlog 也是我们见得比较多的，我这一趟主要是记录了重庆这个城市中的美食，山水风光拍摄得很少。如果是去高原、雪山、云南、西藏这些地方旅行的话，那里的风光特别好，那么可以多拍摄一些风光场景来吸引观众的眼球，用 Vlog 记录自己这段旅程发生的故事。

▲ 图 16-13　片尾巧用字幕来结束

第17章 分享——Vlog媒体平台的发布

17.1 视频号的发布技巧

什么是视频号？我们可以给视频号这样做定义，即视频号是平行于公众号和个人微信号的一个内容平台，也可以说是一个记录和创作视频的平台。在视频号上，用户可以发布 1 分钟以内的视频，和平台上其他的视频号用户分享自己的生活。用户在刷视频号时，滑到用户页面，短视频就会自动播放。本节主要介绍视频号的相关发布技巧。

17.1.1 了解平台的发布规则

每个平台都有它的规则，微信视频号也是如此。因此，在微信视频号上发布 Vlog 视频的过程中，需要了解该平台的一些发布规则。同时，一些与规则相关的事项一定要特别注意，尽量不要违规运营。对于运营视频号的 Vlog 博主来说，做原创才是最长久、最靠谱的一件事情。在互联网上，要想借助平台成功实现变现，一定要做到两点：遵守平台规则和迎合用户的喜好。下面重点介绍视频号的一些发布规则。

（1）不要做低级搬运。例如，不能直接在视频号中发布带有其他平台 LOGO 水印的作品，这样会直接进行封号处理，或者不给流量，因此大家要注意。

（2）重视 Vlog 作品的质量。视频的画质必须清晰，而且视频中不能有广告。

（3）提高账号的权重。在视频号的平台上，多看看别人发布的视频作品，多给别人的作品点赞，这样平台就会认为你是一个正常的用户视频号，不是营销类的广告号。而那种上来就直接发营销广告类视频的视频号用户，系统可能会判断其是一个营销广告号或者小号，会审核屏蔽。

17.1.2 多发布本地化的视频

视频号的本地化运营也非常重要，一般来说，你在视频号发布短视频后，会先推给附近的人看，然后根据标签进行推荐。这是一个本地化的人口红利，建议大家多发布本地化的内容，这样更便于后期的商业变现。

另外，很多人所在的城市有上千万人口，按理说视频号用户应该也在百万以上，但为什么你发的视频播放量却只有几百呢？其实，这是每个视频号运营者都需要面对的一个坎，你的视频发布之后，可能一段时间内都只有几百播放量。在这种情况下，建议大家可以用一些技术，去加持一下视频，突破这个坎。

因为视频号是微信官方推荐的，每个视频号其实都可以拥有一个或几个标签，如做美食类的账号就有“美食”“吃货”这样的标签，其发布内容就会推荐给对该标签感兴趣的用户。另外，视频号会根据你在视频里面说了什么，或者根据你视频的标题进行匹配，所以大家在 Vlog 视频的标题上也要多花一点功夫。

如果你是一位美食类的 Vlog 博主，想做美食方面的内容，那么你可以在视频号的标题当中去强调“美食”这样的关键词，如图 17-1 所示，从而匹配到更多的精准用户，为视频号吸引更多的流量。

▲ 图 17-1　强调“美食”这样的关键词

17.1.3　Vlog 视频的尺寸要求

视频号上发布的 Vlog 视频时长保证在 1 分钟以内，Vlog 视频的最大尺寸为 1230×1080，而且高宽比约为 11∶10。所以，视频号用户在发布 Vlog 视频的时候，应该要考虑视频的尺寸和比例。图 17-2 所示，为平台上横屏与竖屏的 Vlog 视频尺寸。

▲ 图 17-2 横屏与竖屏的 Vlog 视频尺寸

17.1.4 快速创建微信视频号

视频号的入口就在微信的“发现”界面，其位置仅次于朋友圈。下面介绍创建视频号的具体操作方法。

步骤 01 打开微信的“发现”界面，选择“视频号”选项，如图 17-3 所示。

步骤 02 进入“视频号”界面，点击右上角的“账户”按钮，如图 17-4 所示。

▲ 图 17-3 选择“视频号”选项

▲ 图 17-4 点击“账户”按钮

步骤 03 进入个人账号界面，点击“创建视频号”按钮，如图 17-5 所示。

步骤 04 进入“创建视频号”界面，点击头像位置的相机图标，如图 17-6 所示。

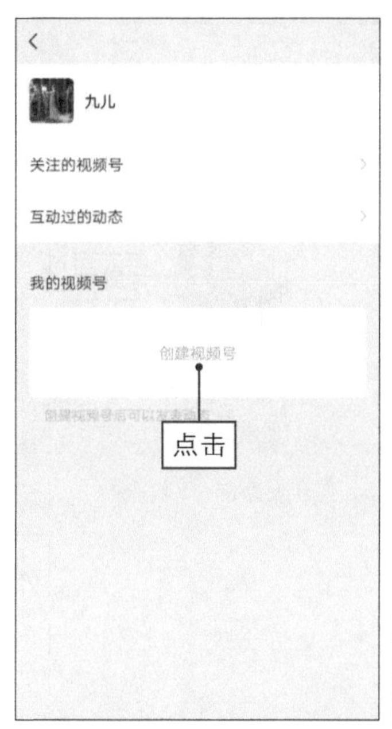

▲ 图 17-5　点击“创建视频号”按钮

▲ 图 17-6　点击相机图标

步骤 05 打开手机素材库，选择需要设置为头像的照片，如图 17-7 所示。

步骤 06 选择照片后，自动进入裁剪界面，❶ 调整头像的裁剪区域；❷ 点击“确定”按钮，如图 17-8 所示。

▲ 图 17-7　选择头像照片

▲ 图 17-8　裁剪头像照片

步骤 07 返回“创建视频号”界面，显示了设置的账号头像，如图 17-9 所示。

步骤 08 在下方填写相关的账号信息，如名字、简介、性别等，如图 17-10 所示。

▲ 图 17-9　设置账号头像

▲ 图 17-10　填写账号信息

步骤 09 信息设置完成后，点击“创建”按钮，显示正在发送，如图 17-11 所示。

步骤 10 稍等片刻，视频账号即可创建成功，显示相关信息，如图 17-12 所示。

▲ 图 17-11　显示正在发送

▲ 图 17-12　显示相关信息

17.1.5　选择合适的发布时间

在视频号上发布 Vlog 短视频时，建议大家的发布频率为一周至少 2 ~ 3 条，然后进行精细化运营，保持视频的活跃度，让每一条 Vlog 视频都尽可能地上热门。

同样的 Vlog 作品在不同的时间段发布，效果肯定是不一样的，因为流量高峰期浏览的人多，那么你的 Vlog 作品就有可能被更多的人看到。如果你一次性制作了好几个 Vlog 视频，千万不要同时发布，每个 Vlog 视频发布时中间至少要间隔 1 个小时左右。

另外，发布时间还需要参考自己的目标客户群体的时间，因为职业的不同、工作性质的不同、行业细分的不同以及内容属性的不同，发布的时间节点也都有所差别。因此，用户要结合内容属性和目标人群，去选择一个最佳的时间点发布内容。再次提醒，最核心的一点就是在浏览的人多的时候发布，得到的曝光和推荐会多很多。

据统计，饭前和睡前是视频号用户最多的使用场景，有 62% 的用户会在这段时间内看视频号，10.9% 的用户会在碎片化时间看视频号，如上卫生间或者上班路上。尤其是睡前、周末、节假日这些段时间，视频号的用户活跃度非常高。所以，我建议大家最好将发布时间控制在以下 3 个时间段，如图 17-13 所示。

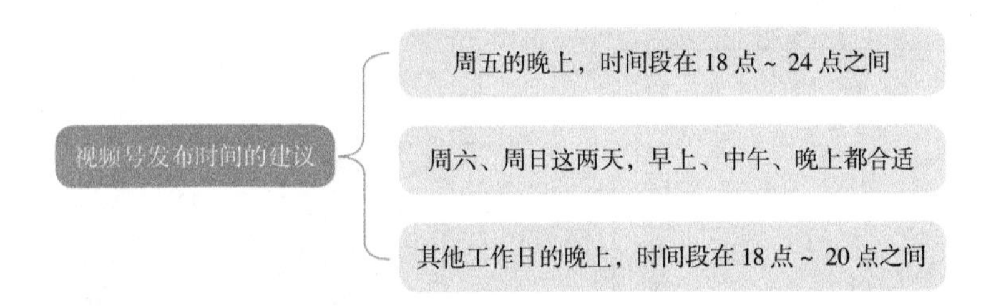

▲ 图 17-13　视频号发布时间的建议

17.1.6　发布 Vlog 作品的流程

当我们运用后期软件制作好视频后，接下来需要在视频号上发布 Vlog 作品。下面介绍发布 Vlog 作品的方法，具体操作步骤如下。

步骤 01 打开微信的“发现”界面，选择“视频号”选项，如图 17-14 所示。

步骤 02 进入“视频号”界面，点击右上角的“账户”按钮，如图 17-15 所示。

步骤 03 进入个人账号界面，点击“发表新动态”按钮，如图 17-16 所示。

步骤 04 弹出列表框，选择“从相册选择”选项，❶ 打开手机相册素材库，选择需要发布的 Vlog 作品；❷ 点击“下一步”按钮，如图 17-17 所示。

▲ 图 17-14 选择“视频号”选项

▲ 图 17-15 点击“账户”按钮

▲ 图 17-16 点击“发表新动态”按钮

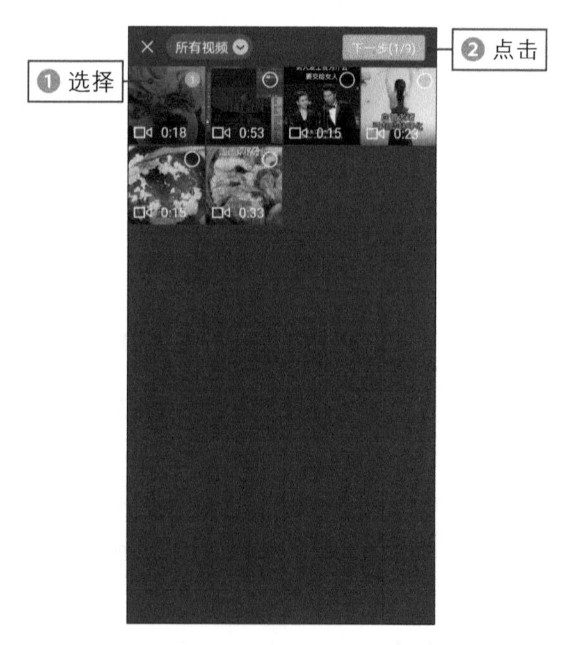

▲ 图 17-17 点击“下一步”按钮

步骤 05 进入视频编辑界面，点击“下一步”按钮，如图 17-18 所示。

步骤 06 进入发表界面，点击视频缩略图上的“选择封面”按钮，如图 17-19 所示。

▲ 图 17-18　点击“下一步”按钮

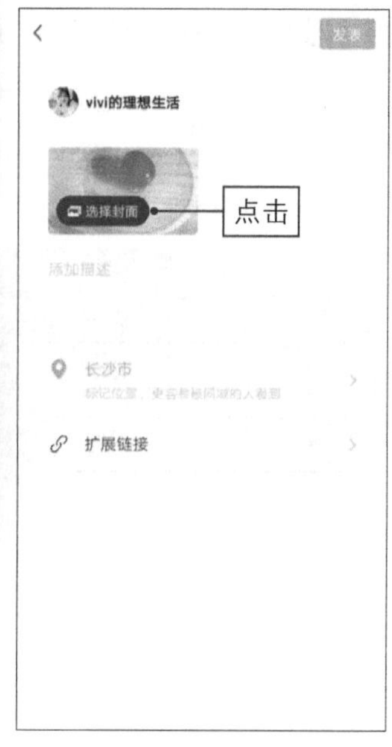

▲ 图 17-19　点击“选择封面”按钮

步骤 07 进入相应界面，在其中重新选择一个 Vlog 的封面，如图 17-20 所示。

步骤 08 点击“完成”按钮，即可更改封面照片，❶ 然后填写其他的相关信息；❷ 点击“发表”按钮，如图 17-21 所示。

▲ 图 17-20　选择 Vlog 的封面

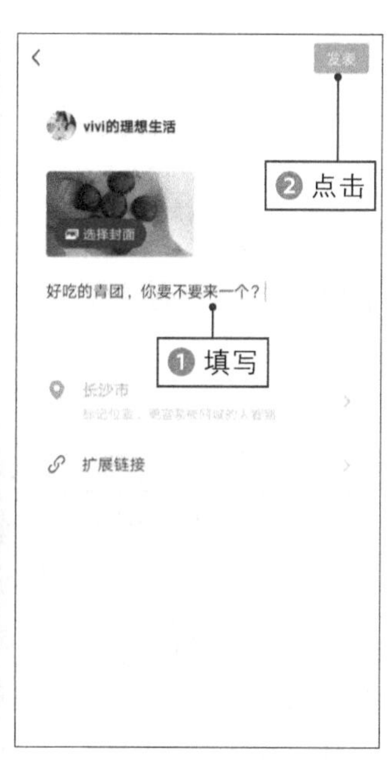

▲ 图 17-21　点击“发表”按钮

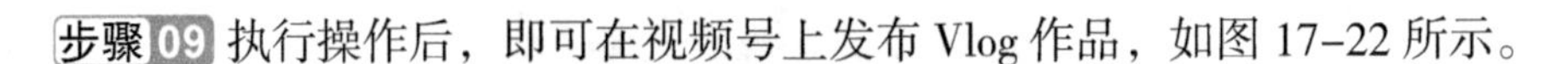

步骤 09 执行操作后，即可在视频号上发布 Vlog 作品，如图 17-22 所示。

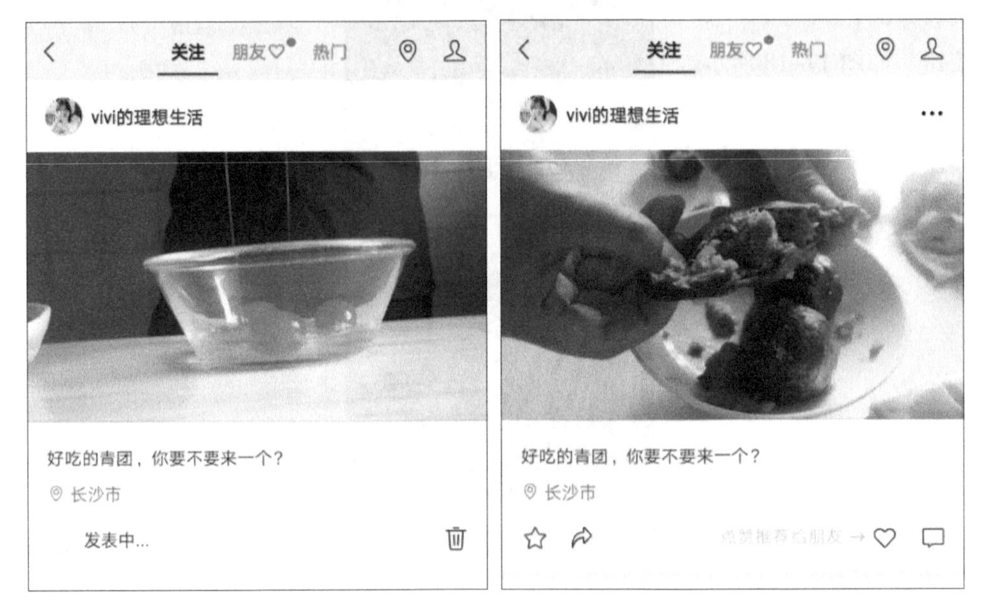

▲ 图 17-22　在视频号上发布 Vlog 作品

17.2　抖音平台的发布技巧

抖音是于 2016 年 9 月上线的一款音乐创意短视频社交软件，是一个专注年轻人的 15 秒音乐短视频社区。抖音是今日头条孵化的一款短视频社交 APP，虽然是今日头条旗下的产品，但在品牌调性上和今日头条不同。本节主要介绍抖音平台的一些发布技巧。

17.2.1　蹭节日热度提升流量

各种节日向来都是营销的旺季，用户在制作 Vlog 视频时，也可以借助节日热点来进行内容的创新，提升 Vlog 作品的曝光量，如图 17-23 所示。

在抖音平台上有很多与节日相关的道具，而且这些道具是实时更新的，用户在做 Vlog 视频的时候不妨试一试，说不定能够为你的 Vlog 作品带来更多的人气。除此之外，用户还可以从拍摄场景、服装、角色造型等方面入手，在 Vlog 作品中打造节日氛围，引起观众共鸣。下面进行相关分析，如图 17-24 所示。

▲ 图 17-23　蹭节日热度的 Vlog 视频案例

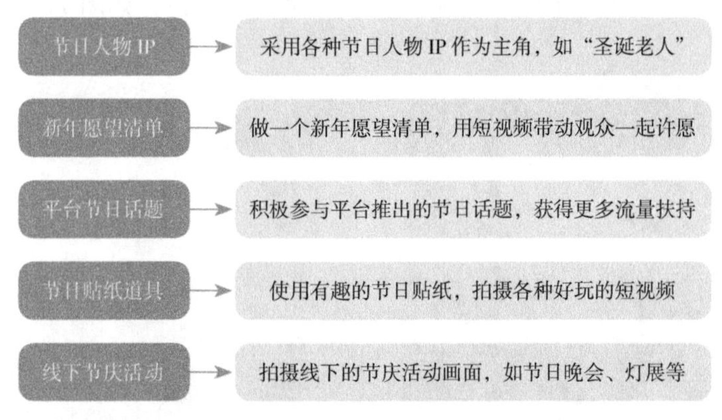

▲ 图 17-24　在 Vlog 作品中蹭节日热度的相关技巧

17.2.2　不要轻易删除发布的内容

很多 Vlog 作品都是在发布了一周甚至一个月以后，才突然火爆起来的。所以，这里我强调一个核心词，叫"时间性"。现在很多人在运营抖音时，有一个不好的习惯，那就是当他发现某个视频的整体数据很差时，就会把这个视频删除。我建议大家千万不要去删除你之前发布的视频，尤其是你的账号还处在稳定成长阶段的时候，删除作品对账号有很大的影响，如图 17-25 所示。

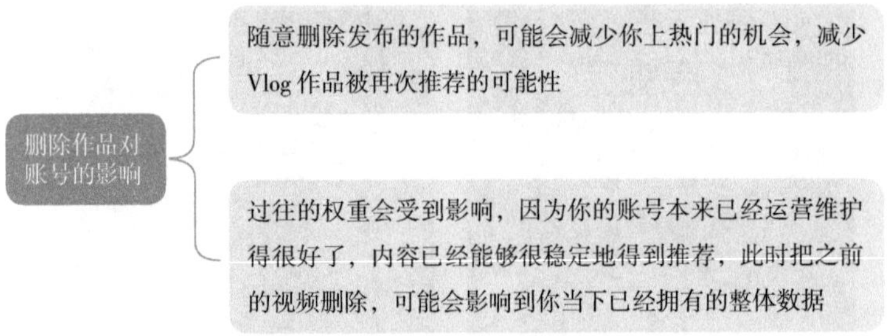

删除作品对账号的影响
随意删除发布的作品，可能会减少你上热门的机会，减少Vlog作品被再次推荐的可能性
过往的权重会受到影响，因为你的账号本来已经运营维护得很好了，内容已经能够很稳定地得到推荐，此时把之前的视频删除，可能会影响到你当下已经拥有的整体数据

▲ 图 17-25　删除作品对账号的影响

这就是"时间性"的表现，那些默默无闻的 Vlog 作品，可能过一段时间又能够得到新的流量扶持或曝光，因此不建议大家删除之前已发布的 Vlog 作品。

17.2.3　发布 Vlog 作品的流程

下面介绍在抖音平台发布 Vlog 作品的方法，具体操作步骤如下。

步骤 01 打开"抖音短视频"APP，点击下方的"加号"按钮 **+**，如图 17-26 所示。

步骤 02 进入拍摄界面，点击右下角的"上传"按钮，如图 17-27 所示。

关注
推荐
2.1w
288
2540
点击
@欣欣分享好物
首页
消息
我

▲ 图 17-26　点击"加号"按钮

点击
道具
上传
拍照
拍60秒
拍15秒
影集
开直播

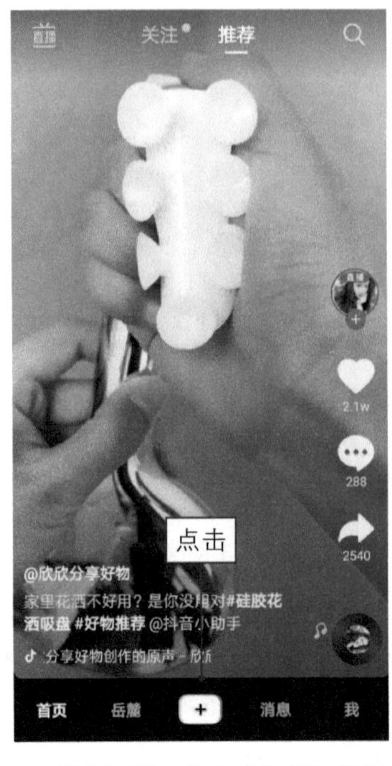

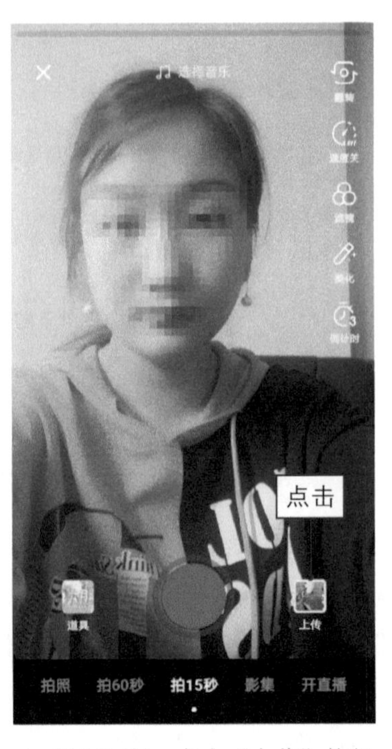

▲ 图 17-27　点击"上传"按钮

步骤 03 打开手机素材库，❶ 选择需要上传到抖音的 Vlog 视频；❷ 点击"下一步"按钮，如图 17-28 所示。

步骤 04 进入下一个界面，预览视频效果，点击"下一步"按钮，如图 17-29 所示。

▲ 图 17-28　点击"下一步"按钮 1

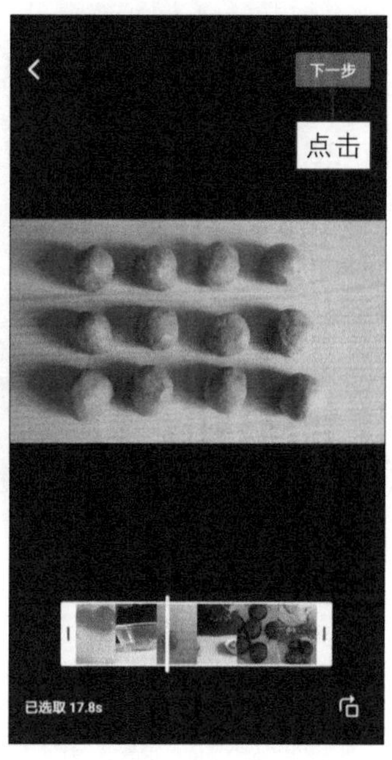

▲ 图 17-29　点击"下一步"按钮 2

步骤 05 进入编辑界面，在其中可以对 Vlog 视频进行相关操作，如添加滤镜、设置变声、添加配乐、制作特效、制作文字等，点击"下一步"按钮，如图 17-30 所示。

步骤 06 进入"发布"界面，❶ 在上方输入相应文本内容，❷ 点击"# 话题"按钮，如图 17-31 所示。

▲ 图 17-30　点击"下一步"按钮 3

▲ 图 17-31　点击"# 话题"按钮

步骤 07 添加一个“# 美食”话题，如图 17-32 所示。

步骤 08 用与上面同样的方法，继续添加“# 美食推荐官”“# 美食教程”等话题，如图 17-33 所示。

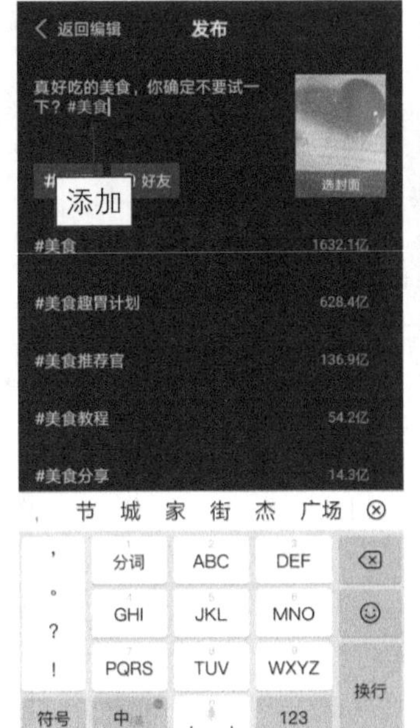

▲ 图 17-32 添加“# 美食”话题

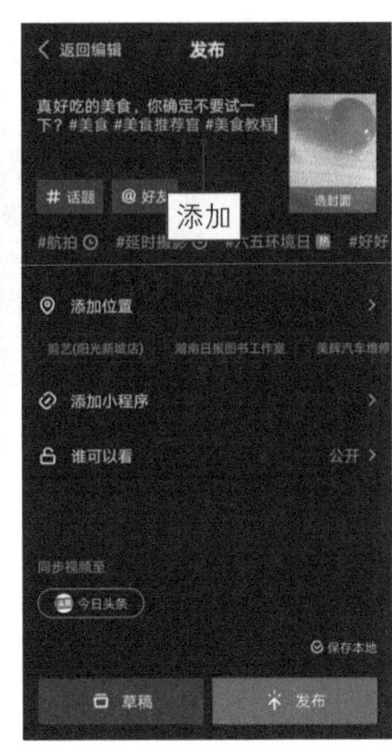

▲ 图 17-33 继续添加其他话题

步骤 09 确认无误后，点击“发布”按钮，即可发布 Vlog 作品，如图 17-34 所示。

步骤 10 在抖音“关注”界面中，可以看到自己发布的 Vlog 作品，如图 17-35 所示。

▲ 图 17-34 发布 Vlog 作品

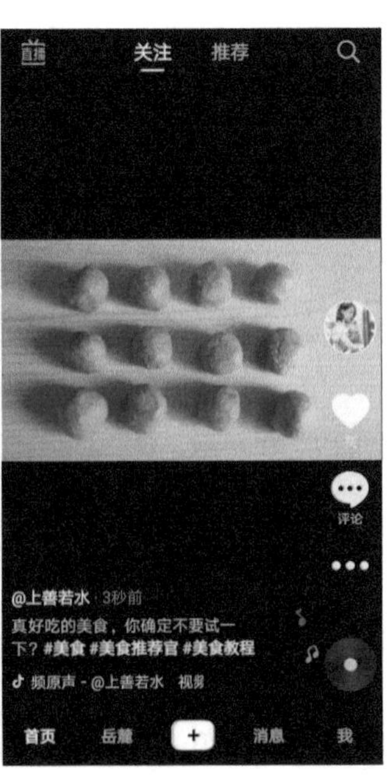

▲ 图 17-35 查看发布的作品

17.3　快手平台的发布技巧

因为 4G 移动网络的普及，逐渐带火了一批短视频应用，其中快手便是火遍大江南北的佼佼者。虽然同为短视频应用，但是快手和抖音的定位完全不一样。

抖音的红火靠的就是马太效应——强者恒强，弱者愈弱。就是说在抖音上，本身流量就大的网红和明星可以通过官方支持获得更多的流量和曝光，而对于普通用户而言，获得推荐和上热门的机会就少得多。

快手的创始人之一宿华曾表示："我就想做一个普通人都能平等记录的好产品。"这个恰好就是快手产品的核心逻辑。抖音靠的流量为王，快手则是即使损失一部分流量，也要让用户获得平等推荐的机会。

那么，我们如何在快手平台上发布 Vlog 作品呢？本节将向大家进行详细的介绍。

17.3.1　发布 Vlog 作品的流程

下面介绍在快手平台上发布 Vlog 作品的方法，具体操作步骤如下。

步骤 01 打开"快手"APP,点击右下角的"相机"按钮 ，如图 17–36 所示。

步骤 02 进入拍摄界面，点击右下角的"相册"按钮，如图 17–37 所示。

▲ 图 17–36　点击"相机"按钮　　▲ 图 17–37　点击"相册"按钮

步骤 03 打开“相机胶卷”界面，❶ 在其中选择需要上传的 Vlog 视频；❷ 点击“下一步”按钮，如图 17-38 所示。

步骤 04 进入下一个界面，预览视频效果，点击“下一步”按钮，如图 17-39 所示。

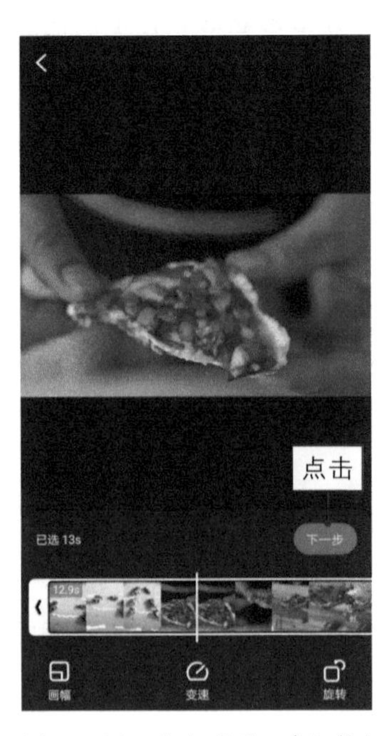

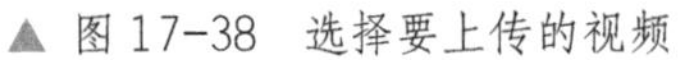
▲ 图 17-38　选择要上传的视频　　▲ 图 17-39　点击“下一步”按钮 1

步骤 05 进入下一个界面，在其中可以对 Vlog 作品进行编辑，如剪切、美化、配乐、特效以及制作封面等，点击“下一步”按钮，如图 17-40 所示。

步骤 06 进入发布界面，❶ 在其中输入视频的简介信息；❷ 点击“# 话题”按钮，如图 17-41 所示。

步骤 07 ❶ 添加两个话题标签，如“# 美食”“# 舌尖上的美食”；❷ 选择“所在位置”选项，如图 17-42 所示。

步骤 08 进入“所在位置”界面，设置地理位置信息，这里选择“长沙市”，如图 17-43 所示，设置位置信息可以更好地为 Vlog 视频引流。

步骤 09 此时“所在位置”右侧将显示位置，点击“发布”按钮，如图 17-44 所示。

步骤 10 进入“关注”界面，其中显示了 Vlog 视频上传的进度，如图 17-45 所示。

▲ 图 17-40　点击“下一步”按钮 2

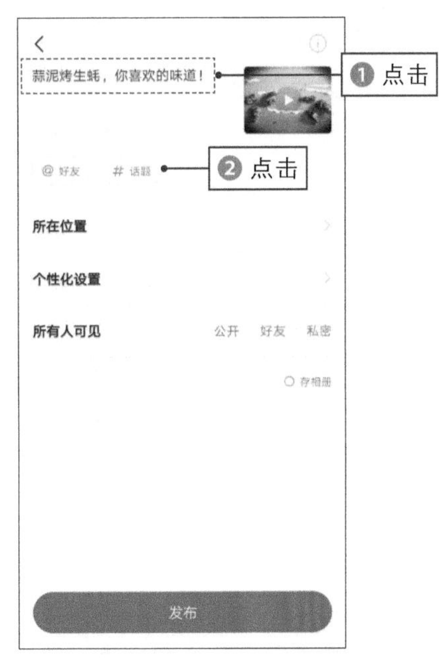

▲ 图 17-41　点击“# 话题”按钮

▲ 图 17-42　选择“所在位置”选项

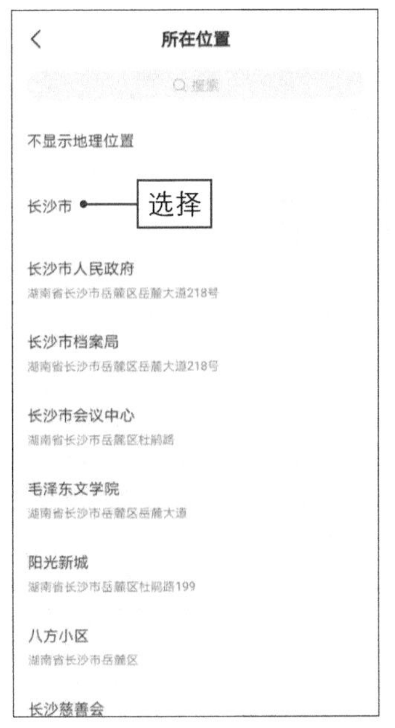

▲ 图 17-43　设置地理位置信息

▲ 图 17-44　点击“发布”按钮

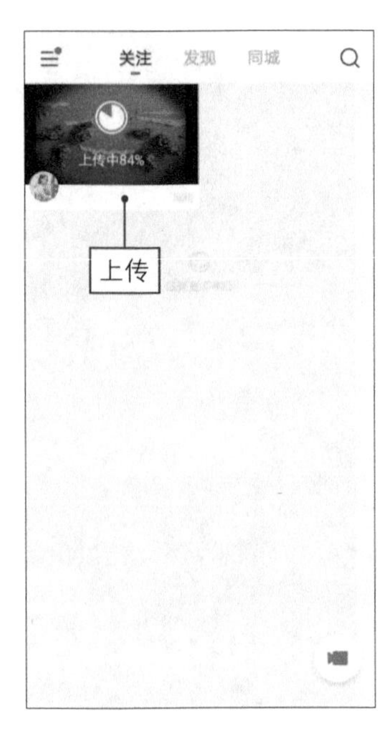

▲ 图 17-45　显示上传的进度

步骤 11 待视频上传完成后，提示 Vlog 作品发布成功，如图 17-46 所示。

步骤 12 点击发布的 Vlog 作品，即可查看视频效果，如图 17-47 所示。

▲ 图 17-46　提示作品发布成功

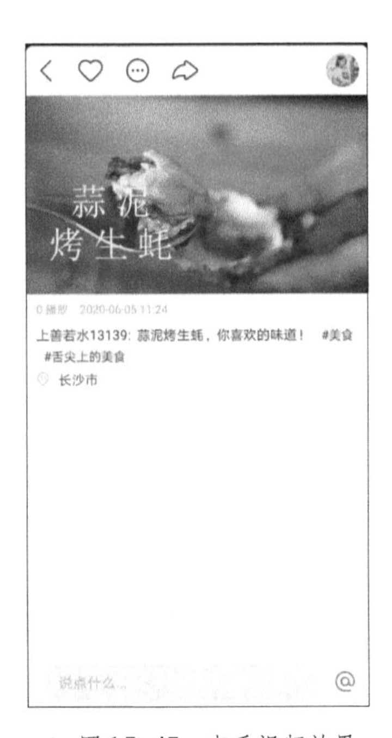

▲ 图 17-47　查看视频效果

17.3.2　重视视频的留言功能

我们在快手或者抖音平台发布 Vlog 作品的时候，特别是爆款视频，在视频下面会看到各种留言，如图 17–48 所示。

▲ 图 17–48　快手短视频的留言区

留言区是我们特别容易忽略的宝地。怎么说呢？一般留言越多的视频，话题感越强，越会形成社区效应，就像人们在围绕你视频中展开的话题进行聊天、互相讨论、发表意见等，有时候你的观点还会被点赞、评论。

留言的数量越多，互动越强，平台就会将你的视频推到一个更大的流量池，吸引更多的网友来观看你的 Vlog 视频。所以，留言区的信息一定要及时回复，提高互动率。但是，评论也是一把双刃剑，有时候网友会在下面发表一些负面的评论，也会得到很多其他网友的回应。这个时候，你要多用正面的话去引导、解释，否则不利于个人品牌的推广和宣传。

17.4　B 站的发布技巧

抖音、快手等短视频 APP 大火之后，B 站被业内人士认为是最有可能破圈的一个平台。2020 年 5 月 4 日《后浪》宣传片引发热议，越来越多的企业号和个人营销号开始重新认识 B 站，并入驻 B 站。本节主要介绍在 B 站发布 Vlog 作品的方法。

17.4.1 了解平台的热点信息

2020 年的五四青年节前夕，B 站策划了一个叫《后浪》的演讲视频，由国家一级演员何冰登台演讲，赞美和鼓励年青一代。《后浪》一经推出，可谓是一石激起千层浪，引发了网民热议，有人认为《后浪》能鼓舞人心，有人认为这只是纯粹“打鸡血”，还有人认为自己“被代表”了……

不过，在新媒体业内人士看来，该短视频被认为是 B 站发起“破圈”之战的前奏，那 2000 多万的播放量是潜在的流量，B 站因此被看成是继抖音快手之后又一个将崛起的短视频平台，如图 17-49 所示。

▲ 图 17-49 《后浪》的演讲视频

B 站最有名的是鬼畜视频，这些鬼畜视频常常成为互联网热门话题。譬如，有一段“诸葛亮 & 王司徒船上激情对射”的视频，在 B 站就很火，截至写稿时的播放量达 42.6 万次，如图 17-50 所示。互联网文化最大的特点是覆盖面广，无意中说出来的“金句”，很容易在互联网上大火，形成一个覆盖面极广的热点。

▲ 图 17-50 “诸葛亮 & 王司徒船上激情对射”的视频

17.4.2　发布 Vlog 作品的流程

当我们对 B 站有了一定的了解之后，接下来向大家介绍在 B 站上发布 Vlog 作品的方法，具体操作步骤如下。

步骤 01 打开“哔哩哔哩”APP，❶ 进入“我的”界面；❷ 点击“发布”按钮 ，如图 17-51 所示。

步骤 02 弹出相应功能面板，点击“上传”按钮 ，如图 17-52 所示。

▲ 图 17-51　点击“发布”按钮

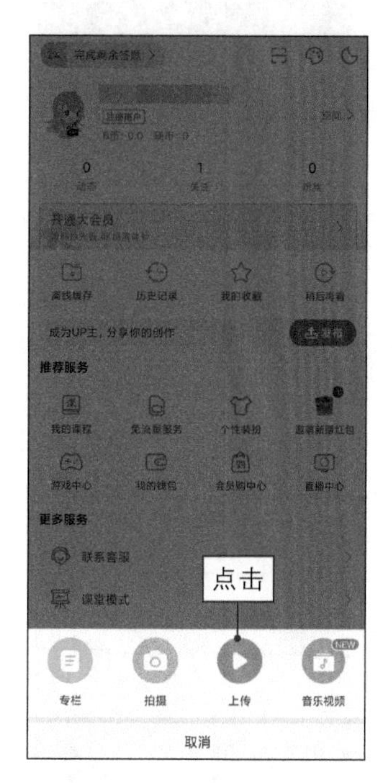

▲ 图 17-52　点击“上传”按钮

步骤 03 打开“视频”素材库，❶ 选择需要上传的 Vlog 视频；❷ 点击右上角的“下一步”按钮，如图 17-53 所示。

步骤 04 进入下一个界面，在其中可以对视频进行剪辑操作，还可以为视频添加音乐、文字、贴纸以及滤镜效果等，编辑完成后，点击右上角的“下一步”按钮，如图 17-54 所示。

步骤 05 执行操作后，跳转至视频发布界面，在该界面中填写视频的相关信息，点击右上角的“发布”按钮，如图 17-55 所示。

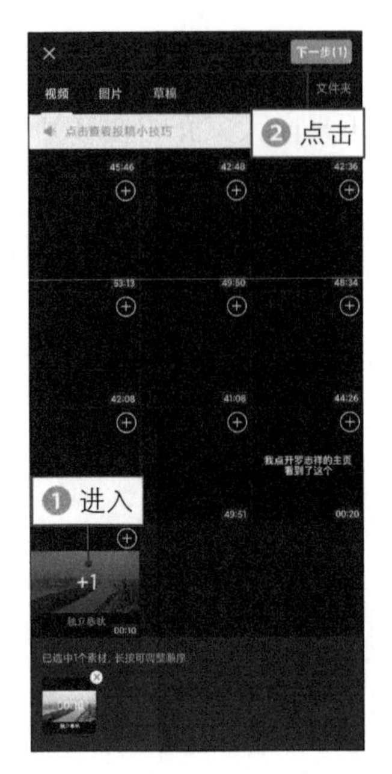

▲ 图 17-53 点击“下一步”按钮 1 ▲ 图 17-54 点击“下一步”按钮 2

步骤 06 执行操作后，即可发布 Vlog 视频。值得各位 Vlog 博主注意的是，所发布的视频必须符合《哔哩哔哩创作公约》，如图 17-56 所示。

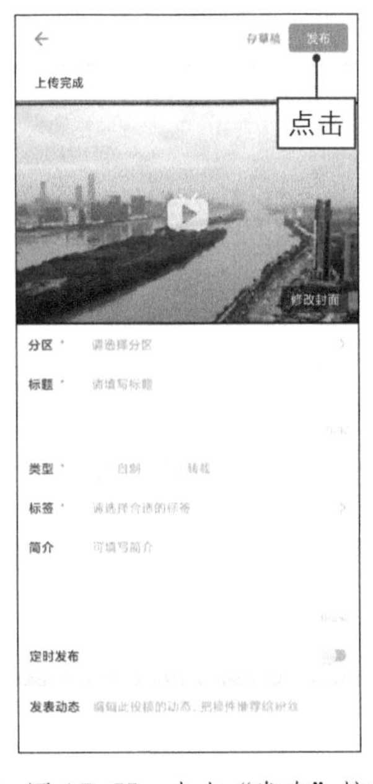

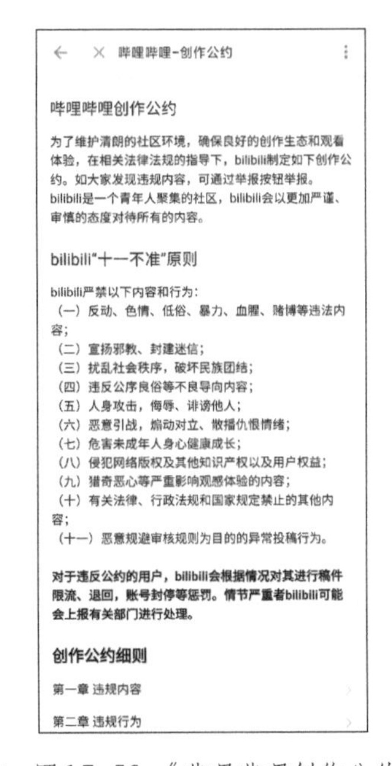

哔哩哔哩-创作公约

哔哩哔哩创作公约

为了维护清朗的社区环境，确保良好的创作生态和观看体验，在相关法律法规的指导下，bilibili制定如下创作公约。如大家发现违规内容，可通过举报按钮举报。
bilibili是一个青年人聚集的社区，bilibili会以更加严谨、审慎的态度对待所有的内容。

bilibili“十一不准”原则

bilibili严禁以下内容和行为：
（一）反动、色情、低俗、暴力、血腥、赌博等违法内容；
（二）宣扬邪教、封建迷信；
（三）扰乱社会秩序，破坏民族团结；
（四）违反公序良俗等不良导向内容；
（五）人身攻击，侮辱、诽谤他人；
（六）恶意引战，煽动对立、散播仇恨情绪；
（七）危害未成年人身心健康成长；
（八）侵犯网络版权及其他知识产权以及用户权益；
（九）猎奇恶心等严重影响观感体验的内容；
（十）有关法律、行政法规和国家规定禁止的其他内容；
（十一）恶意规避审核规则为目的的异常投稿行为。

对于违反公约的用户，bilibili会根据情况对其进行稿件限流、退回，账号封停等惩罚。情节严重者bilibili可能会上报有关部门进行处理。

创作公约细则

第一章 违规内容

第二章 违规行为

▲ 图 17-55 点击“发布”按钮 ▲ 图 17-56 《哔哩哔哩创作公约》

第18章

变现——打造视频博主个人品牌

18.1 解析爆款 Vlog 视频博主

只有爆款 Vlog 视频才能获得大的流量，才会有更多的人来关注你，最终实现个人品牌的变现。本节主要解析爆款 Vlog 视频博主的特点，帮助大家更清楚自己的定位，更好地打造视频博主个人品牌。

18.1.1 美食博主：麻辣德子

麻辣德子是抖音上最火的美食博主之一，账号名字和定位很精准，菜如其名，做的菜都是比较重口味的，色香味俱全，让人看起来特别有食欲，如图 18-1 所示。

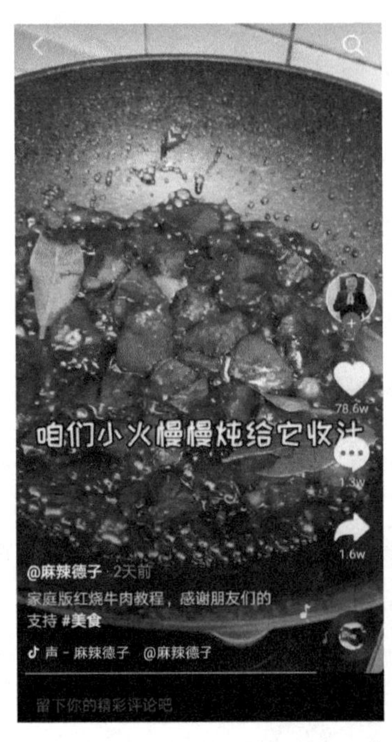

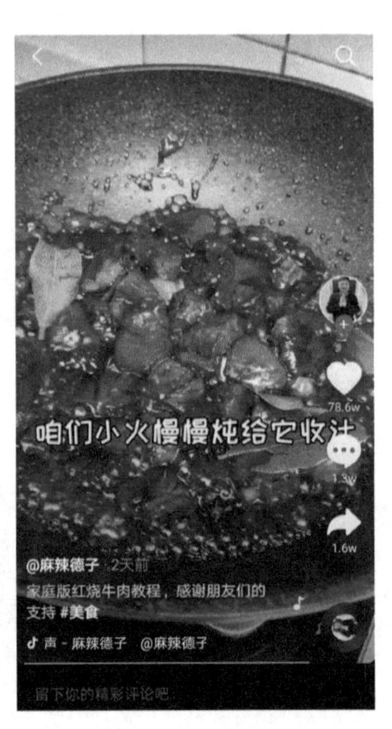

▲ 图 18-1 美食博主：麻辣德子

德子长得五大三粗，食材也超级大份，每一次做美食做到一半的时候，都会很有礼貌地在视频前鞠躬，感谢大家的点赞和关注。

德子每一次做的菜，都是老婆想要吃的，正是这种外形看起来高大威猛、但实际上又是憨厚老实的大男人的刚中带柔的人物风格和魅力，吸引了很多的用户来关注，成了德子的忠实粉丝。

女生看到这样的视频以及德子顾家、爱老婆的形象，都会转发给自己的老公看，希望他们向德子学习；而男生们看到这样的视频，也会产生共鸣，因为食材看起来很大份，满足了男生大口吃肉的快感。

很多人看到德子的视频之后，都会回家自己动手开始做菜，因为德子的美食制作过程很详细，新手也能轻松地学会，所以大家都想尝试一番，制作出一样的美食。

18.1.2　励志博主：房琪 kiki

房琪 kiki 在早期的时候是一个旅行博主，会展示她到处旅行的生活 Vlog，视频中会配上很励志的文案，吸引了很多的粉丝。

后来，她索性变成了励志博主，我身边很多女生对房琪的文案着迷，觉得她说什么都是对的，非常认同她的三观，而且这么励志的女生长得也很可爱，这就是所谓的又美又成功的女生。图 18-2 所示，为“房琪 kiki”的抖音视频。

▲ 图 18-2　“房琪 kiki”的抖音视频

房琪的名字朗朗上口，英文名字也很好认读，她的目标受众就是刚工作没多久的小姑娘们，从头开始奋斗，讲述普通人的励志故事，时不时和大家唠唠嗑，和她邻家姐姐的外形很搭配。

18.1.3 搞笑博主：多余和毛毛姐

当年“好嗨哟”这个超级爆款，就是从这位搞笑博主这里出来的。他每一集都会拍一个搞笑的主题，多余本身是个男生，主角却是自己扮演的女朋友毛毛姐，用贵州方言和标志性的笑声讲一段故事，让人笑得停不下来，也让大家记住了这个戴假发超爱演的博主。

18.2 Vlog 视频的 8 种变现模式

5G 时代快来了，视频已经成了网络主流，上到高龄老人，下到几岁的孩童，都没法避免地被这股洪流卷入。每天都有海量的视频被制造出来，发布到网络上，那么视频新机遇在哪里呢？本节主要向大家分享 8 种 Vlog 视频变现的模式。

18.2.1 广告变现

移动互联网时代的发展带来了巨大的用户红利，数以亿计的人成为了移动互联网用户，在此基础上的短视频市场爆发式增长。如今，短视频的商业变现模式已经基本成熟，其中广告变现一马当先，成为了主流的变现方式。所以，对于 Vlog 博主来说，越早制定你的广告变现逻辑和产品线，就越有机会获得广大品牌主的青睐。

如果你的产品本身就很有趣味和创意，或者自带话题，则不需要绕弯子，可以直接以 Vlog 视频的方式展示产品的神奇功能。图 18-3 所示，为一款端午节包粽子的模具，就算不会下厨的用户，也能用它轻松制作出漂亮的粽子，这就是最直接的广告变现。

▲ 图 18-3 端午节包粽子的模具

18.2.2　电商变现

电商变现就是卖货，卖别人的货抽取佣金、分成，或者卖自己的货赚取利润。通过短视频创作内容，在消费者没有防备的情况下输出产品特性，让消费者被种草，视频左下方会设置有购物车标志的视频同款产品，点击链接可以跳转到购买链接，如图 18-4 所示。

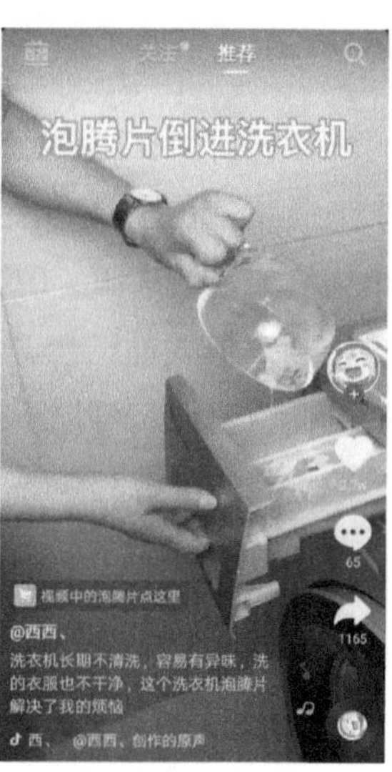

▲ 图 18-4　电商变现的模式

18.2.3　流量变现

“快手 + 微信”就是线上精准流量变现的最佳方式，Vlog 博主们可以将自己的快手粉丝引流至个人微信号、微信公众号、微店、微信商城以及微信小程序等渠道，更好地让流量快速变现，还可以在 Vlog 视频的结尾处留微信号，如图 18-5 所示。

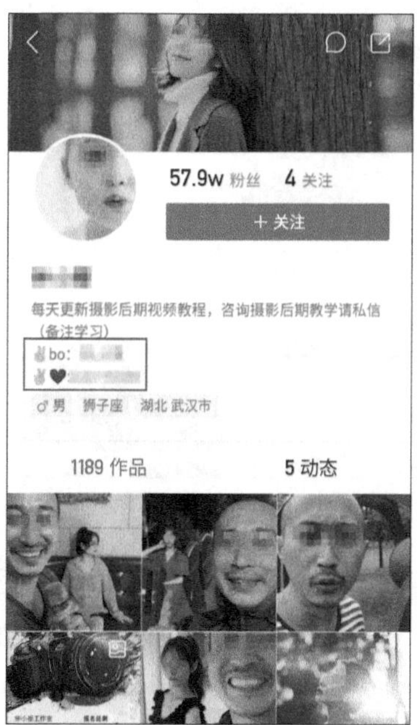

▲ 图 18-5　某些快手达人的个人简介界面

18.2.4 知识变现

知识付费在国内已经流行几年了，很多专业人士纷纷开始用视频建立自己的个人品牌，在视频平台上发布自己的作品，平台也越来越接受他们，因为知识是很优质的流量来源，用短视频积累人气、积累铁杆粉丝，转而进行卖书、卖课程，这些变现形式都已经开始盛行。图 18-6 所示，为“剪映视频教程”抖音账号的商品橱窗界面，可以看到列出了大量课程，而抖音用户只需点击进入页面，便可以购买对应的课程。

▲ 图 18-6 “剪映视频教程”抖音账号的商品橱窗界面

有些 Vlog 博主会通过图书出版来变现，这主要是指 Vlog 博主在某一领域或行业经过一段时间的经营，拥有了一定的影响力或者有一定经验之后，将自己的经验进行总结，然后进行图书出版，以此获得收益的盈利模式。图 18-7 所示，为某摄影博主出版的一本摄影类书籍。

▲ 图 18-7　摄影博主出版的一本摄影类书籍

18.2.5　实体店变现

抖音是线上的平台，而部分博主则主要是在线下进行卖货变现。那么，实体店如何吸引抖音用户进店消费，实现高效变现呢？

我们可以以店铺为场景，展示自己的特色。以店铺为场景是什么？就是在店里面组织各种有趣的玩法。比如，抖音上的“忠义酒馆”就是在店铺中展示古色古香的场景来吸引抖音用户到线下实体店打卡的一个博主，如图 18-8 所示。

▲ 图 18-8　以店铺为场景的“忠义酒馆”

当然，古风店铺包含了自身的特色在里面，很多实体店没有办法模仿。但是，我们也可以通过一些具有广泛适用性的活动来展示店铺场景。比如，可以在店铺门口开展跳远打折活动，为店铺造势。

大家都知道，实体店最重要的其实已不再是产品了，因为短视频用户想买产品，可以直接选择网购。那么，实体店如何吸引抖音用户进店消费呢？其中，一种方法就是让用户对你的实体店铺有需求。

网购虽然方便，但是在许多人看来也是比较无聊的，因为它只是让人完成了购买行为，却不能让人有在购物的过程中获得新奇的体验。如果你的实体店铺不仅能买到产品，又有一些让短视频用户感兴趣的活动，那么，短视频用户自然会更愿意去你的实体店铺。

有的店铺会组织一些特色活动，比如，让顾客和老板或者店员猜拳、对唱或者跳舞等。你可以将特色活动拍成视频上传至短视频平台中，从而展现店铺场景。这些活动在部分短视频用户看来是比较有趣的，所以，他们在看到之后，就会对你的实体店铺心生向往。

18.2.6　微商变现

微信卖货和直接借助抖音平台卖货，虽然销售的载体不同，但也有一个共同点，那就是要有可以销售的产品，最好是有自己的代表性产品。而微商卖货的重要一步就在于，将抖音用户引导至微信等社交软件。

将抖音用户引导至社交软件之后，接下来，便可以通过将微店产品链接分享至朋友圈等形式，对产品进行宣传，如图 18-9 所示。只要用户点击链接购买商品，微商便可以直接赚取收益。

▲ 图 18-9　微信朋友圈宣传产品

18.2.7　直播变现

某些 Vlog 博主如果人气比较高，就可以通过直播获得变现，借用直播的流量进行产品销售，让受众边看边买，直接将粉丝变成消费者。而且，相比于传统的图文营销，这种直播导购的方式可以让用户更直观地观察产品，它取得的营销效果往往也要更好一些。图 18-10 所示，为某购物直播的相关界面，受众在观看直播时只需点击下方的按钮，即可在弹出的菜单栏中看到直播销售的商品。

还有一种直播变现的方式是粉丝刷礼物送给主播，打赏主播。所谓打赏，就是指观看直播的用户通过金钱或者虚拟货币来表达自己对主播或者直播内容的喜爱的一种方式。这是一种新兴的鼓励付费的模式，用户可以自己决定要不要打赏。

打赏已经成为直播平台和主播的主要收入来源，与微博、微信文章的打赏相比，视频直播中的打赏来得更快，用户也比较容易冲动。打赏这种变现模式是最原始也是最主要的，现在很多直播平台的盈利大多数还是依靠打赏。

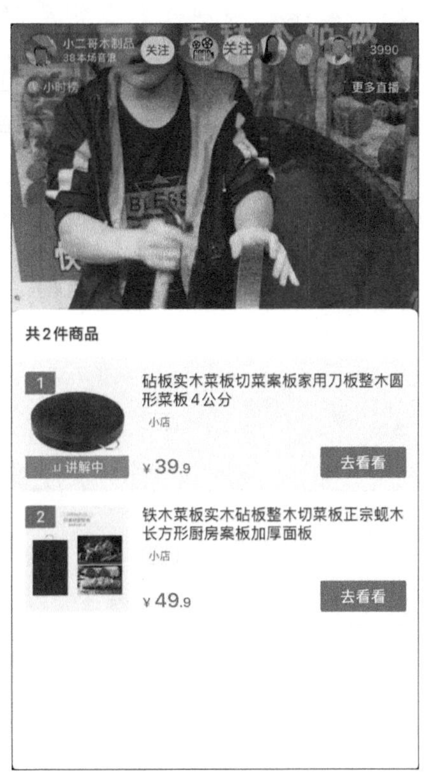

▲ 图 18-10　直播变现的模式

18.2.8 咨询变现

当 Vlog 博主与粉丝之间建立信任感之后，粉丝就会在你的专业领域来找到你做一对一咨询，这时候可以将他们导入你的私域流量，他们就很有可能成为黏性很大的铁粉。图 18-11 所示，为某 Vlog 博主在朋友圈发布的一对一咨询的案例。

▲ 图 18-11 某 Vlog 博主在朋友圈发布的一对一咨询的案例

假如生活有100种可能，我选择第101种

——谨以此书献给热爱用视频记录的你们